建筑设计
手绘技法强训

28天速成课
+
1个项目实践

胡娟 代光钢 张孝敏 龙益知 编著

人民邮电出版社

北 京

图书在版编目（ＣＩＰ）数据

建筑设计手绘技法强训：28天速成课+1个项目实践 ／
胡娟等编著. -- 北京：人民邮电出版社，2017.6
ISBN 978-7-115-45482-9

Ⅰ. ①建… Ⅱ. ①胡… Ⅲ. ①建筑设计－绘画技法
Ⅳ. ①TU204.11

中国版本图书馆CIP数据核字(2017)第094476号

内 容 提 要

本书以 28 天强训的课程形式来安排内容，以建筑设计表现为核心，详细讲解了建筑设计手绘的基础知识、透视知识、各种元素的表现技法、建筑空间线稿表现和上色技法，以及建筑设计平面图、立面图的绘制和空间转换。同时，本书还结合了真实的设计项目，让读者能够明白设计的流程、方法和技巧。全书条理清晰地介绍了建筑设计手绘从基础到设计再到案例分析的各方面知识，突出手绘表达在建筑设计中的重要性，为读者全面掌握建筑设计手绘提供指导。

本书附赠建筑手绘视频教程，共 35 集，时长 837 分钟，读者可结合视频进行学习，提高学习效率。

本书适合建筑设计、景观设计和室内设计专业的在校学生阅读，也可作为手绘培训机构的参考用书。

◆ 编　著　胡　娟　代光钢　张孝敏　龙益知
责任编辑　张丹阳
责任印制　陈　犇
◆ 人民邮电出版社出版发行　　　北京市丰台区成寿寺路 11 号
邮编　100164　电子邮件　315@ptpress.com.cn
网址　http://www.ptpress.com.cn
北京市雅迪彩色印刷有限公司印刷
◆ 开本：787×1092　1/16
印张：14.5
字数：424 千字　　　　　　2017 年 6 月第 1 版
印数：1—3 000 册　　　　 2017 年 6 月北京第 1 次印刷

定价：78.00 元

读者服务热线：(010)81055410　印装质量热线：(010)81055316
反盗版热线：(010)81055315
广告经营许可证：京东工商广登字 20170147 号

前言
PREFACE

计算机普及的今天，手绘已经逐渐被遗忘，很多建筑设计师手绘能力缺失，但手绘是设计师与用户沟通最快捷、最直接的方式。好的手绘更有利于说服用户，达到事半功倍的效果。

建筑设计手绘作为一种空间形体艺术，以静态的方式，运用点、线、面、色等构成要素，以手绘的表现形式，以不同的表现技法，向人们呈现出丰富多彩的建筑设计作品。好的手绘表现是形体空间的构造和艺术思想的统一。只有积累大量的生活经验素材，学习丰富的基础知识，牢固掌握不同的表现技法，才能从中体会出独特的感受，提炼出深刻的思想，激发出强烈的情感，创造出鲜活的设计空间形象，从而真实地反映生活的本质。

对于设计师来说，设计在于创作，一个成功的设计作品总是要经过前期的构思，基本轮廓的勾勒，细部的刻画，色彩的调和，整体图纸的把控等过程。虽然构思的主题源于生活，但是主题应该是身边或是日常生活中所遇见的一切事物。不管是有主题约束的还是任何形式的创作理念，设计的作品都必须有自己独特的思考方式和独到的思维结构模式，并且在一定的基础、规范下实现，这样的设计作品才会产生一定的独特性、一定的作品意蕴和发展空间，也才能在设计作品中展现它独特的艺术美。在设计图纸的过程中，要充分、完美地表达设计师的思维意图与设计理念，手绘能力就显得十分重要。

市面上的建筑手绘设计图书形形色色，有些只有案例没有步骤和说明，对初学者来说，学习起来很吃力。本书从基础出发，慢慢深入，采用实用的知识结构模式，从最初的工具选择、线条表现等基础知识讲起，逐步过渡到透视知识讲解和综合案例的线稿示范，再到马克笔的表现技法都有详细步骤和说明，最后还结合一些真实的设计案例，将建筑设计的方法和技巧分享给大家。本书语言精练，内容通俗易懂，案例精美，讲解细致，能够让读者更加轻松、愉快地学习建筑设计手绘知识。另外，本书还附赠建筑设计手绘的视频教程，读者扫描"资源下载"二维码即可获得下载方法。

资源下载

我想说，不能只是把设计手绘视为一种职业和谋生手段，一种对模型的简单复制，而是应该看作必须完成的一种使命、一种创造和创新。由职业到使命，意味着从标准化进入到提倡独特，由传统走向创新。

最后，祝愿所有喜欢手绘的朋友们都能梦想成真！

胡 娟
2017年4月

目 录
CONTENTS

01

建筑手绘基础知识

SUN	MON	TUE	WED	THU	FRI	SAT
1	2	3	4	5	6	7

🕐 第1天　走进建筑手绘　　》

🕐 第2天　线条绘制技巧　　》

8	9	10	11	12	13	14
15	16	17	18	19	20	21
22	23	24	25	26	27	28

🕐 项目实践　　　　　　　》

第1天 走进建筑手绘

一 手绘表现类型

1.黑白表现类

黑白表现类，顾名思义是通过黑白灰3个层次来表现画面的空间效果，在建筑手绘中也常称之为线稿。根据不同的用途，线稿又可以分为设计类线稿、写生类线稿和效果图线稿等。

设计类线稿

设计类线稿是在设计的过程中，用于推敲建筑设计是否合理的一种表现形式。这类线稿又称为灵感草图或概括性草图。这类线稿中既包含平面图线稿，又包含透视图线稿。在建筑手绘中，通常会把平面图线稿先画出来，然后再结合自己的灵感以及推敲，衍生出透视图线稿。设计类线稿一般注重的是我们平时灵感的记录，是将脑中的画面在纸上快速地表现出来，因此在绘画时，不用太在意该类线稿的线条是否漂亮、画面效果是否写实，只需将自己的真实想法表现出来即可，不用注重太多的细节。

写生类线稿

写生类线稿是一种以现有的建筑景观实物为依据的绘画艺术。这类线稿主要是根据现有实物，经过大脑的不断分析后将其在纸上快速地表现出来。该类线稿具有鲜明的艺术性和主观性，是对生活实物进行提炼概括的一种艺术形式。

该类线稿的目的在于，通过对别人已设计出的实景的认识为我们的设计积累素材，并融入自己的一些思想激发设计灵感。因此，在选择实景时要注意选择一些具有创意性的设计实景，从而达到学习目的。

效果图线稿

在建筑手绘中，效果图线稿大概分为两类：一类是通过排线或排点的方式表现出建筑场景的明暗关系的线稿，这样的图俗称钢笔画；另一类是为马克笔或水彩上色做准备的概括性线稿，俗称为效果图正稿。这类线稿往往只是用线条表示出轮廓与细节，没有过多的明暗调子，最终的明暗关系以及空间效果是通过马克笔或水彩逐步完善的。

在建筑手绘中，效果图线稿相对于设计类线稿和写生类线稿来说，无论是细致程度，还是对透视的要求都相对高一些，在绘图时应注意。

明暗层次丰富的效果图线稿

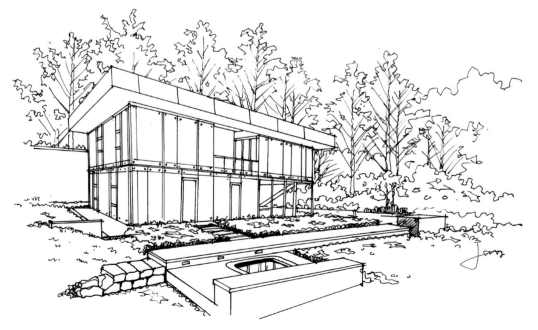

线条概括的效果图线稿

2.色彩表现类

马克笔设计类草图表现

马克笔设计类草图表现主要是通过马克笔对画面稍加上色及晕染，使其达到更好的空间效果。它的用途主要是对设计师灵感的记录与表现，让设计师的设计意图更加顺畅地表达出来。

该类草图主要以表现设计为主，不用过多的注重细节部分。

马克笔写生类草图表现

马克笔写生类草图表现主要是表现场景的大体色调，对建筑形体的要求比设计草图高一些。该类草图主要表现的是对建筑实景的认识，更多的是学习别人的设计意图，开阔自己的视野，积累设计素材。

马克笔效果图表现

马克笔效果图表现相对于其他的表现形式来说要细致得多，它不仅强调画面的构图、明暗、材质、色调及各种配景的搭配，更注重画面整体的视觉效果。所以马克笔效果图表现在各类效果图表现中是最为细致、美观的。

彩铅表现

彩铅效果图与马克笔效果图相比，显得更灰、更柔和一些。在用彩铅绘图时，为了达到理想的视觉效果，要注意用笔的轻重与虚实，避免出现脏、腻的效果，尤其是在表现暗部时，要注意叠加的次数不宜过多。

手绘快速表现的特点

1.设计性

　　设计性是手绘最为重要的一个特点，是设计创作的本源，也是手绘效果图的核心思想。如今有很多设计师只注重绘画技法的学习，过于片面地追求表面上的修饰，舍弃了设计本身的推敲过程，以至于偏离了手绘效果图的本质。手绘的主要价值在于将大脑中的设计构思表达出来，将设计思维由大脑向手延伸，最终在纸上快速地表现出来。这种"延伸"的过程是至关重要的，也是实现设计最直接、最富有成效的方法，一些好的设计灵感及想法往往是通过这种形式得以展现和记录下来的，成为完整方案的原始素材。

2.科学性

　　手绘效果图是工程图和艺术表现图的结合体，它既要表现出工程图的严谨，又要表现出艺术表现图的美感，两者之间互为补充，相辅相成。手绘效果图具有严谨的科学性，不管是对空间结构的合理表达、透视比例的合理把握，还是材料质感的真实表现，都对下一步的深化设计和施工图绘制有着至关重要的影响。

3.艺术性

　　手绘效果图是设计师自身设计素养和表现能力的综合体现，它以独特的艺术魅力和强烈的艺术感染力向人们传达着创作思想、设计理念和审美情感，将设计更好地展现给公众。设计是理性的，设计表达则往往是感性的，手绘效果图的艺术化处理，在客观上对设计是一个强有力的补充，使两者更加和谐地结合在一起。

三 手绘工具介绍

1.绘图用笔

铅笔

　　铅笔,是一种常用来书写、办公、工程制图或绘画的笔类。铅笔因为笔芯的不同而有不同的软硬(浓淡),大致可分为软、中、硬3种。一般用H表示铅笔的硬度;B表示铅笔的黑度;HB表示软硬、颜色浓淡适中的铅笔。

　　初学者在练习的时候,建议采用软硬适中的HB铅笔。过黑过软的铅笔容易把纸张弄脏、弄油;过硬过浅的铅笔则容易把纸张划伤,不利于后续的工作;只有软硬适中的HB铅笔不仅能够在纸上清楚地表达设计意图,而且较容易清理,有利于保持纸张的完整性。

　　不同硬度的铅笔可画出不同的笔触以及黑度。下图为不同种类的铅笔在纸上所画出的笔触。

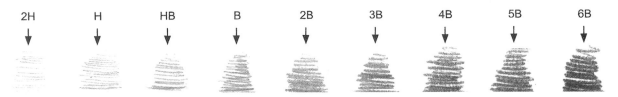

　　自动铅笔具有携带方便、自动出芯、干净卫生等特点,适用于建筑手绘前期的打稿工作。大家可根据个人习惯以及爱好自行选择。

炭笔

　　炭笔大多由柳树的细枝烧制而成,有粗、细、软、硬之别。可以根据画面的不同表现效果选择不同的炭笔。在开始作画时,可以先用较软的炭笔打稿,因其容易擦掉,可反复修改,又不伤画纸,修饰细部时再使用较硬的炭笔绘制。炭笔作画具有可涂、可抹、可擦的特点,亦可做线条或块面处理,能做出很丰富的调子变化,因此,广泛运用于素描中。

　　炭笔从颜色上,可分为黑色、棕色;从种类上,可分为硬炭笔、中炭笔、软炭笔。炭笔的用法和铅笔差不多,但远不及铅笔容易控制,因为炭笔在纸张上的附着力比较强,用橡皮不易擦掉,不宜修改,需要经常锻炼,方能熟练掌握。

普通钢笔

普通钢笔可根据笔尖的粗细不同，绘制出不同效果的建筑线稿，是常用的手绘绘画工具之一。钢笔笔头由金属制成，书写起来圆滑而有弹性，相当流畅。一般最常见的钢笔笔尖尺寸以B、M、F以及EF为主，由粗到细是 B＞M＞F＞EF。依照通常的书写习惯，一般可采用F或者更细的EF笔尖。

美工笔

美工笔是一种借助笔头的倾斜度，制造出不同粗细线条效果的特制钢笔，被广泛应用于美术绘图、硬笔书法等领域。美工笔既有一般用法，也有特殊用法。把笔尖立起来使用，即可以像一般钢笔一样书写汉字、数字和字母，也能够画出细密的线条；如果把笔尖倾斜使用，则能够画出宽厚的线条。

TIPS 因为一般钢笔与美工笔所使用的墨水不同（一般钢笔大多不使用碳素墨水，而美工笔所用的却是浓重的黑色碳素墨水），所以用美工笔书写或描绘出的文字和图案，色泽可以保持得比一般钢笔更为持久。

针管笔

　　针管笔能够绘制出均匀一致的线条，因此常在绘制图纸时使用。针管笔主要分为上墨针管笔和一次性针管笔。上墨针管笔的笔身呈钢笔状，笔头是长约2cm中空钢制圆环，里面藏着一条活动细钢针，上下摆动针管笔，能及时清除堵塞笔头的纸纤维。一次性针管笔不需要上墨，跟上墨针管笔相比，具有携带方便、干净卫生等特点。

　　针管笔有不同粗细，其针管管径有0.1~2.0mm的不同规格，因此在绘图时，至少应备有细、中、粗三种不同粗细的针管笔。

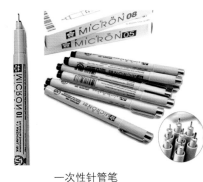

上墨针管笔　　　　　　　　　　　　　　　　　　　一次性针管笔

0.05mm　　0.1mm　　0.2mm　　0.3mm　　0.4mm　　0.5mm　　0.6mm　　0.7mm　　0.8mm

TIPS

第1点：在用针管笔绘制线条时，注意针管笔身应尽量保持与纸面垂直，以保证画出的线条粗细均匀一致。

第2点：针管笔的作图顺序应依照先上后下、先左后右、先曲后直、先细后粗的原则，运笔速度及用力应均匀、平稳。

第3点：在用较粗的针管笔作图时，落笔及收笔都不应有停顿。

第4点：针管笔除了用来画直线以外，还可以借助圆规来画圆周线或圆弧线。

第5点：针管笔在不使用时应随时套上笔帽，以免针尖墨水干结或不慎摔坏笔尖，并应定时清洗针管笔，以保持针管笔用笔流畅。

签字笔

　　签字笔是一种常用来书写以及绘图的工具，主要分为水性签字笔和油性签字笔。水性签字笔一般用于在纸张上书写，油性签字笔则用于样品签样或者画其他永久性的记号。油性签字笔很难擦拭，只能用酒精等物清洗。

　　在建筑手绘线稿中常用的签字笔有直液式签字笔以及纤维签字笔。直液式签字笔为全针管不锈钢笔头，书写顺滑，画面清晰，并采用水性油墨，在绘图或书写时出墨十分流畅。除此之外，直液式签字笔还具有持久耐用、方便携带等特点。纤维签字笔的笔尖为独有的纤维笔头，舒适且富有弹性，不漏墨掉墨，使用起来也十分方便。这两种签字笔的性能都比较好，而且比较实惠，适合初学者用来练习，大家可根据自己的习惯以及爱好进行选择。

直液式签字笔　　　　　　　　　　　　　　　　纤维签字笔

马克笔

　　马克笔又称麦克笔，是用来快速表达设计构思以及效果图绘制最为主要的绘图工具之一。常见的笔头有圆头型、斜口型、细长型、平头型等。现在的马克笔一般为双头和单头两种，根据其笔芯内的成分不同，又可以分为水性马克笔、油性马克笔和酒精性马克笔三种。油性马克笔拥有良好的耐水性、快干性和耐光性，颜色多次叠加也不会伤害纸张，颜色较为温和；水性马克笔的颜色亮丽而且具有水彩的透明感，还可以配合蘸水笔使用，但是颜色多次叠加后会出现明显的灰色，而且由于水分含量较多，容易伤害纸面；而酒精性马克笔可以在任何的光滑表面进行绘制工作，有着速干、防水等优势，因其主要成分是染料加变性的酒精，所以使用完需要盖紧笔帽，并且要远离火源，防止日晒。

　　初学者在刚开始接触马克笔的时候，对马克笔的颜色不是很熟悉，可以通过制作马克笔色卡的方式增加对马克笔颜色的认识，方便在以后的绘图过程中选色、配色。

TIPS　　关于马克笔的具体使用方法，在后面的章节会详细为大家讲解。

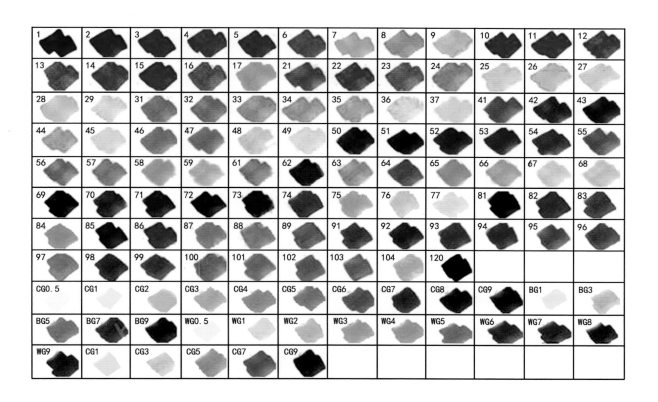

彩铅

彩铅上色是一种介于素描和色彩之间的绘画形式。它的独特性在于其色彩丰富且细腻,可以表现出较为轻盈、通透的画面质感。彩铅也是快速表现的工具之一,配合马克笔使用效果会更好。

彩铅可分为蜡质彩铅和水溶彩铅两种。蜡质彩铅大多数是蜡基质的,色彩丰富,表现效果特别;水溶彩铅多为碳基质的,具有水溶性,但是使用水溶性彩铅很难形成平润的色层,容易形成色斑,类似水彩画,比较适合画建筑物和速写。

2.绘图用纸

普通打印纸

相较于其他纸张来说,普通打印纸是手绘初学者的首选,这是因为初学者在学习手绘的过程中,需要大量、反复地练习线条,且线条对纸张的要求不是很高,用普通打印纸更为方便实惠;其次,在这种打印纸上绘制颜色的时候,能够真实地反映出笔的色彩倾向,使画面达到更好的效果。

在建筑手绘线稿练习时,常采用A3、A4这两种规格。

速写本

速写本是平时用来进行速写创作和练习的专用本。速写本一般分为方形和长形,一般以16开、8开、4开尺寸居多。速写本的纸张较厚,纸品也较好,多为活页以方便作画,有横翻、竖翻两种。跟单张纸夹作画比起来,速写本具有更易保存和携带等特点,便于外出写生创作,因此深受广大美术工作者的喜爱。

硫酸纸

　　硫酸纸是一种专业用于工程描图及晒版的半透明纸张。硫酸纸质地坚实、密致且稍微透明，具有纸质纯净、强度高、透明好、不变形、耐晒、耐高温、抗老化、对油脂和水的渗透抵抗力强、不透气等特点。

　　在建筑手绘中，硫酸纸一般用于设计前期的方案构思以及描图练习。用硫酸纸绘制出来的线稿，会有一种朦胧的美感，因为纸张呈半透明状，所以画面会显得很柔和。

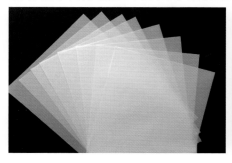 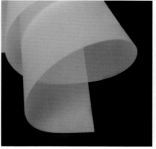 

草图纸

　　草图纸也称为拷贝纸，薄如蝉翼，是设计师用来描图的。设计师开始进行设计时，不可能一次完成，所以用拷贝纸把以前的方案中需要保留的描下来再做修改，节约时间，方便设计。与硫酸纸相比较，草图纸有些粗糙，并且不防油、不防水，但草图纸在价格上比硫酸纸更实惠一些，初学者可根据自己的需要选择。

  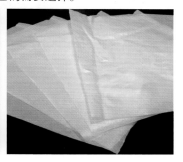

绘图纸

　　绘图纸是一种专门供绘制工程图、机械图、地形图等使用的纸张。它的质地紧密而强韧，无光泽，尘埃度小，具有优良的耐擦性、耐磨性、耐折性。适于铅笔、墨汁笔等书写。

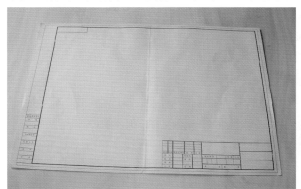 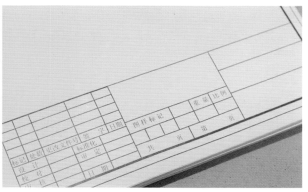

卡纸

卡纸主要包括白卡纸和彩色卡纸两种，白卡纸一般是指由较坚挺厚实、纯优质木浆制成的纸制品，彩色卡纸则是指一种厚度介于纸张与纸板之间、质地好、坚挺光滑的纸制品，它一般是由白卡纸的浆料进行染色而得的。

卡纸在手绘中的运用很少，但它也有自己的优点，在建筑纯线条表现中，用白色勾线笔制图，效果也比较好。

  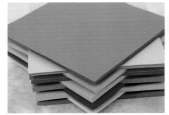 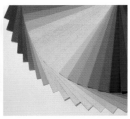

白卡纸示意图　　　　　　　　　　　彩色卡纸

3.辅助工具

削笔工具

削笔工具，通常是用来削木质铅笔的。常用的削笔工具为美工刀与转笔刀。

美工刀　　　　　　　　　　　　　　转笔刀

TIPS
由于美工刀刀身很脆，使用时不能伸出过长的刀身，另外注意露出的铅芯最好在5mm左右，以免在绘图打稿时折断。

橡皮

橡皮是一种用橡胶制成的文具，能擦掉铅笔石墨或钢笔墨水的痕迹。橡皮的种类繁多，形状和色彩各异，有普通的香橡皮，也有绘画用的2B、4B、6B等型号的美术专用橡皮。

尺子

尺子是用来画线段（尤其是直线段）以及量长度的工具，通常以塑胶、铁、不锈钢、有机玻璃等制作而成。尺上通常有刻度，有些尺子中间还留有特殊形状，如字母或圆形的洞，方便使用者画图。

在建筑手绘中常用的尺子有直尺、三角板、平行尺、蛇形尺等。直尺一般用于画直线段；三角板既可以画出直线段，又可以画垂直线；平行尺一般用于画平行线；而蛇形尺则由于本身比较柔软，可自由摆成各种弧线形状，并能固定住，因此常用来绘制非圆的自由曲线。

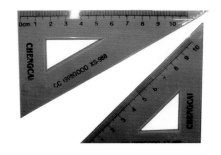

坐标纸

坐标纸由一个个小方格构成，主要用于需要精确尺寸的手绘效果图中，是手绘过程不可缺少的辅助工具。初学者可以依靠坐标纸来把握物体的比例尺寸。

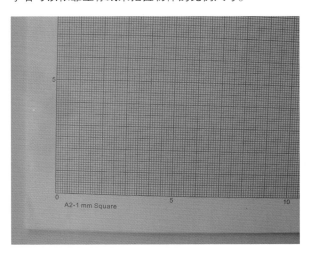
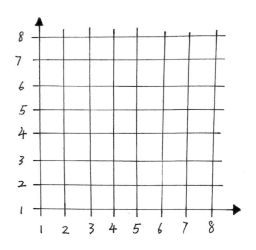

注意坐标纸一般与草图纸或硫酸纸结合使用。将草图纸或硫酸纸固定并覆盖在坐标纸上，再进行绘图，这样既能使画面效果更加精确，又能方便修改。

涂改液

涂改液又称修正液，在建筑手绘中担当着提高局部亮度，增加画面质感的角色，如提高树木、水纹的高光等。与涂改液类似的工具还有美术专用的高光笔，它是在美术创作中用来提高局部亮度的工具，也可用来勾勒出画面的细节，使画面整体感觉更加细致。

第2天 ## 线条绘制技巧

线条主要用于勾勒轮廓，常见的线条有曲线、直线、折线等，根据粗细又可以分为粗线、细线。下面就为大家分类讲解在建筑手绘中常用的各种线条和绘制技巧。

一 直线

1.直线的特点

直线是手绘表现中最基本的线形，是设计师需要掌握的最基本的手绘表达方式。很多建筑物体的形态都是由直线组成的。画直线追求的是干脆利落、富有力度，这些是练习直线条的重要条件。直线也有很多种，如横直线、竖直线以及斜直线等。

  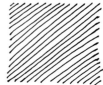

2.直线的练习

画直线要做到流畅、快速、下笔稳定。画直线时手腕应处于僵持状态，笔尖和所画的直线应该呈90°，以小拇指为支撑，以肩为轴平移手臂，这样就能画出很直的线。同时保持坐姿端正，把纸放正是画好直线的前提。初学者所画的直线常常会出现不流畅、中间断点较多、呆板、轻重画得不到位和下笔犹豫不决等问题。

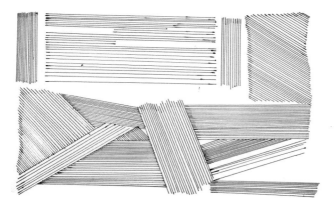 

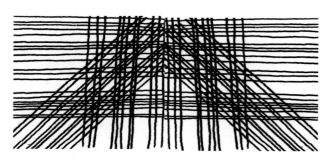 

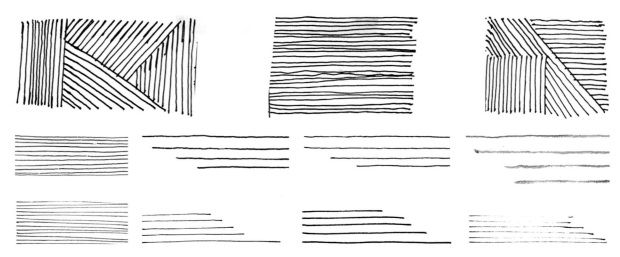

在表现建筑的阴影和不同的机理效果时，经常会用到直线的排列组合和过渡。初学者在前期练习时可能会出现线条重叠以及疏密变化大等问题，这就需要我们不断地练习，这样才能加强我们的控笔能力，提高绘画速度和质量。

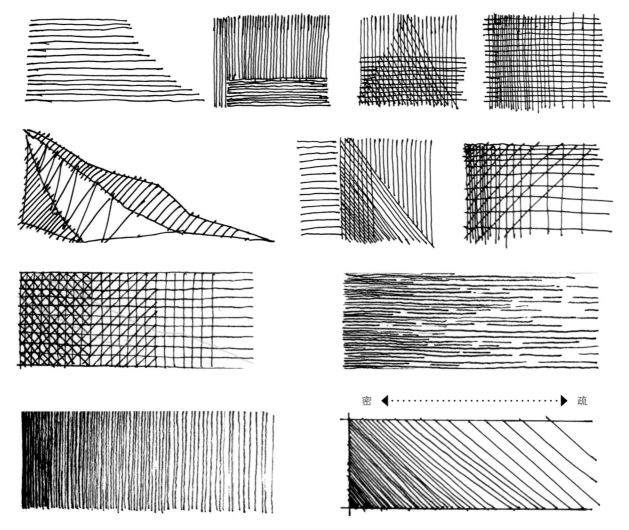

在掌握了直线的运笔与组合技巧后,可以有针对性地绘制一些单体或者体块,将直线与实际绘制对象结合可以提高直线画法水平。画这样的单体要求用笔干脆、准确,线条流畅,富有变化。

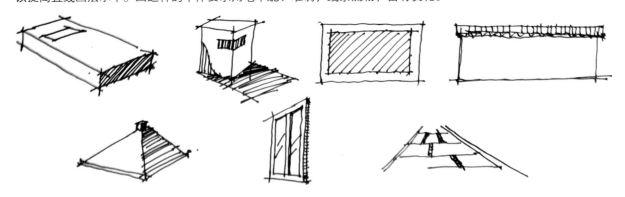

二 曲线

曲线是表现异形建筑的基本线条,与直线在情感特征上形成鲜明的对比。如果说直线给人的感觉是刚劲有力,那么曲线就是轻柔与飘逸。画曲线要做到胸有成竹,不随便乱画,要追求放松自然,一气呵成,确保线条流畅自然。为了能够绘画或创作出精美的建筑手稿,必须要很好地掌握曲线的画法和运笔能力。

可以通过不同方向的曲线练习,快速掌握曲线。曲线是具有灵动性、具有动态的线条之一。在绘画时要注意曲线的随意、流畅、自由等特征。

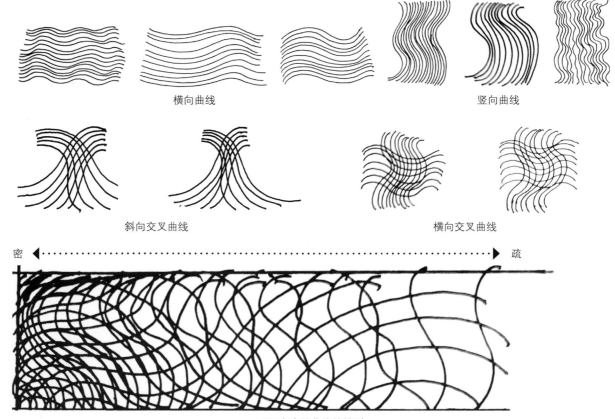

多点曲线的练习

　　以多于5点以上为标准，将这些点按照一定的幅度快速连接起来，并将这些点统一到一条曲线之上。

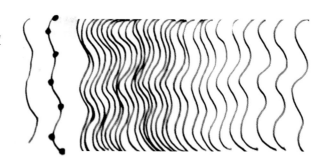

曲线的单体练习

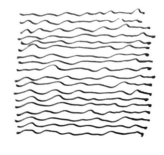 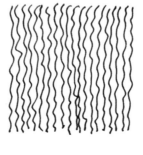 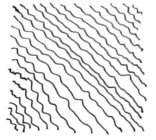 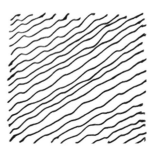

三 抖线

　　抖线是在表现特殊的建筑以及树冠和灌木丛时使用得最多的线条。画灌木植物时需先将灌木或树冠概括出抽象的轮廓，然后进行造型练习。

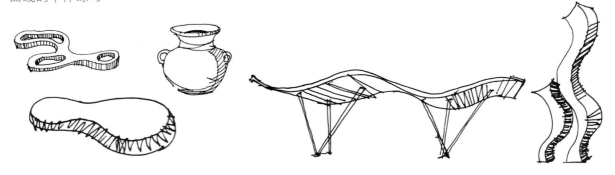

　　根据大小和尺度，抖线一般分为大抖线、中抖线和小抖线3类。画者需根据不同场景尺度选择不同大小的抖线类型，以此来表现自己需要的效果。画抖线的关键在于自然、生动、流畅、一气呵成。

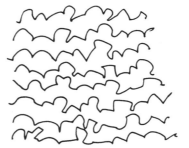  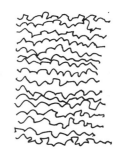

大抖线　　　　　　　　　中抖线　　　　　　　　　小抖线

密 ◄ ·· ► 疏

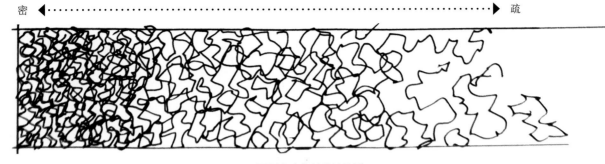

不同密度的抖线的排列

抖线的单体表现

（四） 弧线

圆上任意两点间的部分就叫作弧，通过线表示出来就是弧线。一个物体想要在三维的空间内生动美观，必然离不开优美弧线，所以弧线绘制能力的掌握尤其重要。

弧线方位解析

相对于直线而言，弧线是弯曲有弧度的线条，可以用来刻画一些有弧度的、圆形的、有纹理的物体，比起直线显得更随意自然。不同方向的弧线练习，是表现好具有弧度物体的前提条件。下面进行弧线方向的练习。

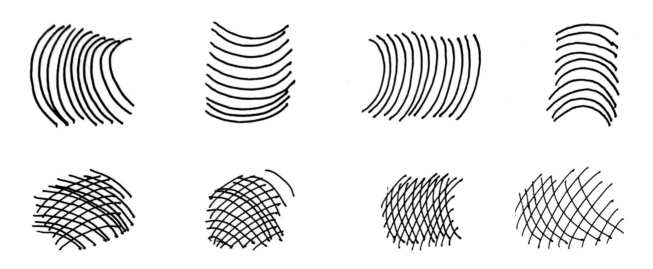

不同方向的弧线

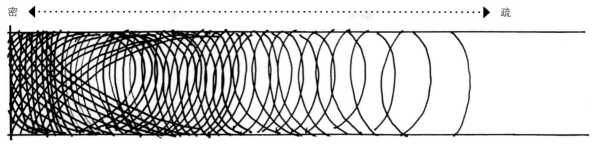

密 ◄•••••••••••••••••••••••••••••••••••••••► 疏

不同密度的弧线的排列

弧线的单体表现

在现实生活中会看到很多建筑的轮廓都是由弧线组成的，下面是一些弧线的单体表现。

（五）短线

短线较多用于刻画一些特定的建筑材质肌理，需要通过对短线疏密、快慢的控制来表现想要的效果。

　　一般用短线来刻画一些建筑设计当中的细节，例如铺装墙面的纹理暗部刻画等。好的短线可以让画面细节丰富、层次分明。

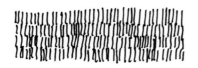

密 ◄·····························► 疏

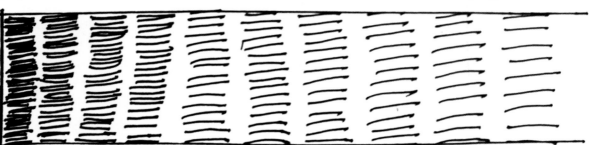

不同密度的短线的排列

短线的单体表现

六 自由线

　　自由线又称随意的线，分为波浪形、圆形、不规则形等线性。画自由线的时候应做到自由、随性，一气呵成。

自由线是一种多用途的线条，一般常用于刻画植物以及建筑物的暗部等，这是最常见的绘图与训练方法。

自由线的单体练习

 乱线

乱线，顾名思义就是毫无规律章法的线，一般用来表现物体的明暗和层次，是一种比较难把握的线条，但是非常有利于表现画面的层次感。

乱线的使用与自由线类似，一般也是结合植物和建筑阴影进行训练。

密 ←--→ 疏

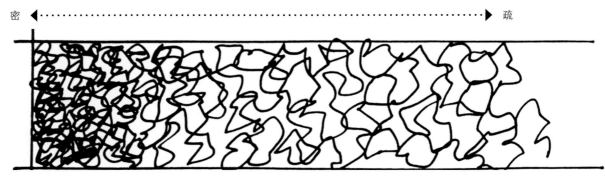

不同密度的乱线的排列

乱线的单体练习

八 徒手线条训练

1.徒手绘制线条的要点

徒手线条训练是指不借助尺规，徒手作图的一种方式。一般在方案前期的草图阶段和外出写生时会徒手绘图。徒手作图讲求的是线条的流畅，线条的方向符合画面的整体透视，各种块面上的线条方向基本准确，其次就是线条的平直、笔触的浓淡一致、粗细需均匀等。不管是在平时的方案草图绘制还是外出写生，始终都会考验我们对徒手线条的运用能力，所以我们要很好地掌握其要领，平时也需勤加练习。下面讲一下徒手绘制线条时的一些注意事项。

第1点：保持线条连贯平直，争取一次完成一条。　　　　忌讳反复读线，线条僵硬，出现黑点。

第2点：过长的线条衔接处，要适当断开。　　　　不可在落笔的地方起笔衔接，形成明显黑点。

第3点：小曲而大直，保持整体线条的平直流畅。　　　　不可一味追求平直导致线条过抖。

第4点：线条要有虚实和粗细变化。　　　　不可粗细平均、死板，线条不准确。

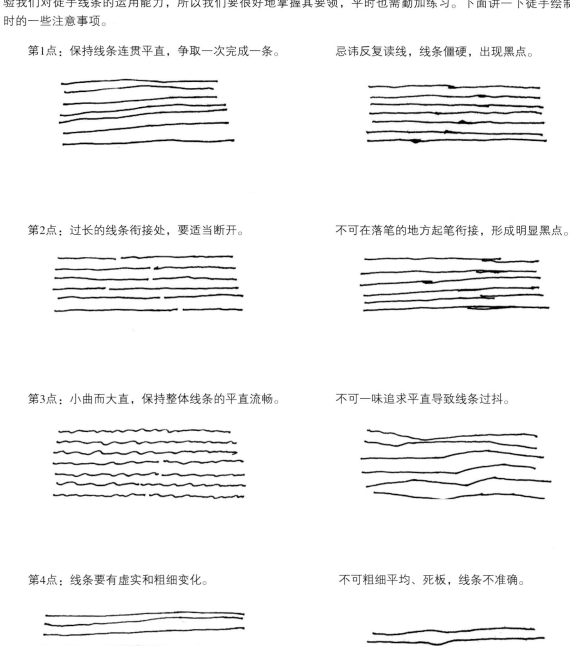

2.徒手线条的排列与组合训练

　　不同方向排列的线条给人的视觉感受是不一样的，一般我们会根据要表现的物体灵活选择线条方向，来表现其块面和质感。下面以一组几何体为例，通过3个不同方向的排线来表现物体的结构。

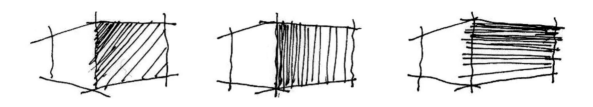

　　线条的方向、虚实、粗细都带有个人不同的观感，在绘制建筑类草图时，必须根据所表现物体灵活控制线条来表达自己想要达到的视觉效果。下面3组不同的构筑物，运用了不同的线条来表现其形式块面以及细节。

02

建筑手绘透视讲解

SUN	MON	TUE	WED	THU	FRI	SAT
1	2	3	4	5	6	7

8	9	10	11	12	13	14
15	16	17	18	19	20	21
22	23	24	25	26	27	28

🕐 项目实践　　　　　　　　　　　　　　　　　　　　　　　　　　　　》

第3天 ▶ 透视的分类和表现

一 透视的基本概念

　　透视是建筑绘图中非常重要的环节，即使线条和色彩画得再好，如果透视是错误的，那么也是一幅失败的作品。

　　在现实生活中，人眼所见的物体是具有立体感的，那么我们如何才能把具有立体感的物体表现在平面的二维纸张上面呢？这就需要运用到透视理论知识。在学习透视之前有必要先学习透视的基本术语。

　　画面（PP）：是介于眼睛与物之间的假设透明平面。透视学中为了把一切立体的形象都容纳在画面上，这块透明的平面可以向四周无限放大。

　　基面（GP）：承载着物体（观察对象）的平面，如地面、桌面等。在透视学中基面默认为基准的水平面，并永远处于水平状态，与画面相互垂直。

　　基线（GL）：画面与基面相交的线为基线。

　　景物（W）：所描绘的对象。

　　视点（EP）：观察者眼睛所在的位置叫视点。它是透视的中心点，所以又叫"投影中心"。

　　站点（SP）：从视点做垂直线交于基面的交点叫作站点，又叫"立点"。

　　视高（EL）：视点到基点的垂直距离叫视高，就是视点到站点间的距离。

　　视平线（HL）：与视点同高并通过视心的假想水平线叫作视平线。

　　视心（CV）：视点正垂直于画面的点叫做视心，也叫"主点"。

　　消失点（VP）：与视平线平行，且不平行于画面的线会聚集到一个点上，这个点就是消失点，又称"灭点"。

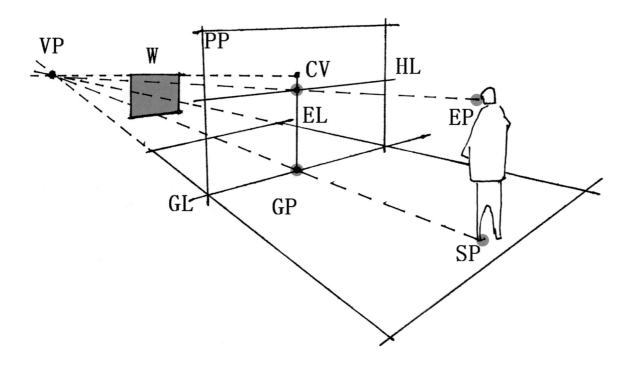

一点透视

1.一点透视概念

一点透视是指画面中所有的物体边线的透视线都相交于视平线上的一点，这个点被称为消失点，而竖向上的线是垂直于画面的，也叫作平行透视。

下面是以简单的方体对一点透视的概念进行说明（图中，VP：消失点；HL：视平线）。

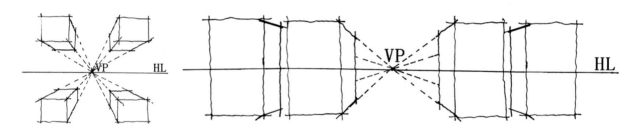

2.一点透视的实例表现

（1）绘制建筑的一点透视效果时，应先根据建筑与视角的关系确定建筑的透视线和消失点位置，合理布置画面与纸张的关系，不可过大也不能太小，画面必须均衡。

（2）根据视平线与消失点的位置关系确定建筑的轮廓线，注意把握透视关系。

（3）根据建筑的空间和比例确定植物的大体轮廓和位置，强化建筑的空间和体块感。

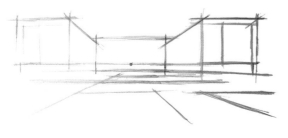

（4）根据铅笔底稿的辅助线，用墨线勾勒出建筑的体块空间，然后擦除铅笔底稿。

（5）深入刻画建筑体块细节，适当增加建筑的阴影块面关系处理，增强立体感。

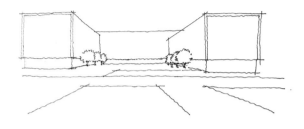

3.一点透视构图要点

在绘制一点透视的建筑构图时需注意以下几点：① 画面的视平线尽量处于整个画面的中心偏下位置，以人视的角度来表现建筑物；② 视点不一样，透视的消失点位置也不一样，画面感也不一样；③ 在绘制一点透视的整体建筑物时，需把重点表现区域放在画面的中心位置，这样能更好地突出主体。

为了在绘制一点透视建筑时更好的构图，下面将通过图示具体说明构图与透视的关系。

通过下图可以发现，当视平线的位置处于正常的人视高度位置时，移动灭点就会让画面的空间产生相应变化，表现的主体景物也会随之发生改变。所以在绘制一点透视效果图时需根据自己想要重点表达的建筑主体，灵活设置透视和灭点的位置，调整构图（图中的箭头是为了更加明确的表示出视点的移动）。

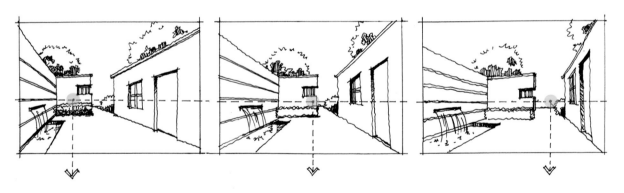

在表现完整的建筑物场景时，将主体建筑物设置在画面的中心位置，能够有效聚合画面，突显建筑主体。

三 一点斜透视

1.一点斜透视概念

　　一点斜透视严格来讲就是两点透视，因为它有两个灭点。但是它的画法介于一点透视和两点透视之间。第一步先画出一点透视，然后在视平线上找到第二个灭点，当然要离第一个灭点远一些。从技术上讲，一点斜透视比一点透视略难，比两点透视简单，较易掌握。

　　右图为一点斜透视的画法（图中，VP：消失点；HL：视平线，W：第二消失点）。

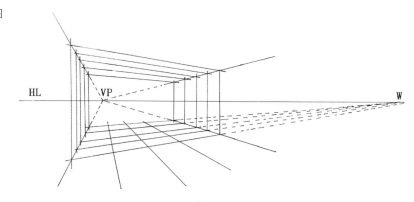

2.一点斜透视的实例表现

　　一点斜透视的画法相对一点透视而言较复杂，不过只要采用适当的方法和技巧一样能够掌握。

　　（1）绘制一点斜透视建筑效果图时，应首先根据透视规律，用铅笔勾勒出建筑的轮廓辅助线，注意合理布置画面大小。

　　（2）根据视平线与消失点的位置关系确定建筑的轮廓线，注意把握透视关系。

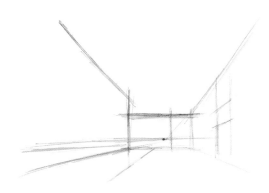

（3）根据建筑的空间和比例确定植物的大体轮廓和位置，强化建筑的空间和体块感。

（4）根据铅笔底稿的辅助线用墨线勾勒出建筑体块空间，然后擦除铅笔底稿。

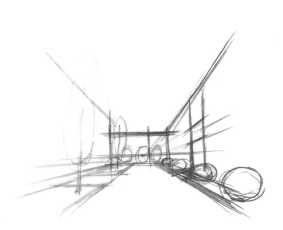

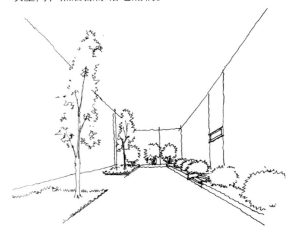

（5）整体调整完善画面效果，对铺装及墙面细节深入刻画。

3.一点斜透视构图要点

一点斜透视的构图技巧基本与一点透视的构图技巧类似，常见的构图也是以正常的人的视点高度为主。由于想要表达的建筑主体不一样，所以人的视点也会随之相应移动，最终所表达的建筑画面也会产生相应的变化，具体关系如下图所示（图中的箭头是为了更加明确的表示出视点的移动）。

在建筑设计手绘表现时，由于消失点的位置关系，我们通常会遇到主体建筑偏左或者偏右的情况，这也是最常见的能表现出一点斜透视效果的技巧。但是我们也要考虑整个画面的构图均衡，画面的重心稳定等问题，所以在这种情况下，一般可以根据表现场景的需求，适当添加配景，如人物、车辆、路灯、小品等，进行画面的均衡处理，使画面重心稳定。

下图是两张典型的一点斜透视建筑构图，消失点处于画面的左右两侧位置。这时我们为了使画面视觉平衡，有必要在画面相应的另一侧设置一些配景，如人物或者植物等，使整个画面处于视觉平衡状态。

两点透视

1.两点透视概念

两点透视是指在视平线上有两个消失点，与画者的视线刚好呈夹角关系，所以又叫作成交透视。两点透视也是建筑绘画当中见得最多的一种透视关系。

两点透视的几何画法。

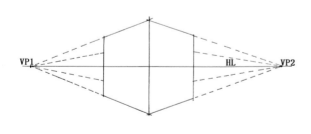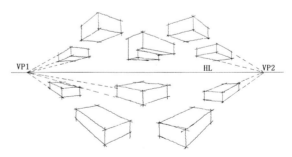

2.两点透视的实例表现

相对于一点透视而言，两点透视的画面更活泼、自由，但是也较难掌握。但是只要多练、多画、多去感觉，就能准确掌握。

（1）绘制两点透视建筑效果图时，应首先确定视平线和两个消失点的位置，注意合理布置纸张与画面大小关系。

（2）根据视平线、两个消失点和两点透视的作图规律，用铅笔绘制出建筑轮廓辅助线。

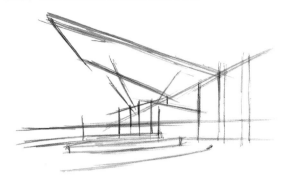

（3）确定植物等配景的位置，丰富画面，注意植物透视近大远小的关系。

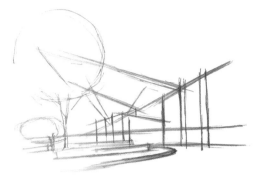

（4）用墨线勾勒出建筑与植物的体块空间，然后擦除铅笔底稿。

（5）完善画面，深入刻画建筑和植物细节，适当增加明暗效果，加强空间立体感。

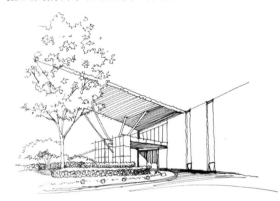

3.两点透视的构图要点

在绘制建筑效果图时，画面消失点的远近直接影响着画面建筑主体的视觉效果。相对一点透视来说，两点透视要难一些，所以对于视平线的处理就十分重要，视平线一般设置在画面的中心偏下位置，便于我们构图和表现建筑画面。而且在绘制两点透视建筑效果图时，为了表现建筑的单个块面，可根据画面灵活设置透视与画面构图，表现自己想要达到的效果。

在进行建筑的两点透视构图时，一般会将建筑主体放置在靠近画面中心的附近，两点透视的消失点不同时出现在画面内。这种建筑透视也是比较平常的一种，如下面左图所示。若两个消失点同时出现在画面以内，那么其主体建筑透视线所形成的夹角就会变大，建筑的变形也会更加夸张，带给人的压迫感更强烈，视觉冲击力更震撼，如下面中图所示。有时候只需要表现建筑的某一个面，就可以将一个消失点处理在画面内，另一个消失点处理在画面外，这也是常见的建筑两点透视构图表现，如下面右图所示。

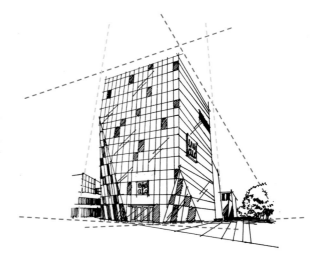

五 三点透视

1.三点透视的基本概念

三点透视最直观的解释就是画面有3个消失点，这是与其他透视的最大区别。三点透视一般都是画者与所表现的建筑物距离较近，同时建筑物体量较高所形成的，所以看上去建筑物是倾斜的。因为三点透视所表现的建筑物能够给人带来强烈的压迫感和视觉冲击力，所以一般用于大体量的建筑表现。

三点透视几何画法。

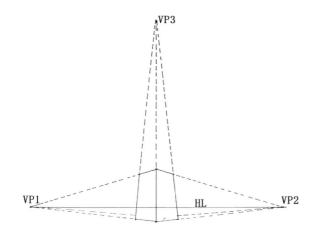

（2）根据三点透视的特点，用铅笔绘制出建筑轮廓辅助线。

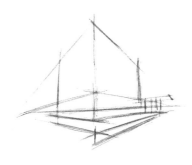

2.三点透视的实例表现

透视只是一种作图辅助技巧，在实际的作图构思中，我们往往会面临各种各样的问题，所以要灵活运用透视来解决所面临的问题。三点透视的掌握相对较为复杂，但是熟练掌握三点透视，往往可以绘制出视觉效果十分震撼的作品。

（1）首先确定视平线和消失点的位置，注意合理布置纸张与画面的大小关系。

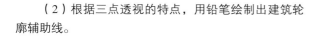

（3）确定植物等配景的位置，注意植物透视近大远小的关系。

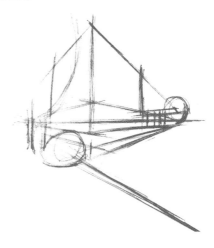

（4）用墨线勾勒出建筑植物的体块空间，擦除铅笔底稿。

（5）完善画面，深入刻画建筑和植物细节，适当增加明暗效果，加强空间立体感。

3.三点透视的构图技巧

一般为了整体表现一些大体量的建筑效果时才会使用三点透视，因为大体量的建筑物空间感最大，其他透视难以表现其空间感和视觉震撼力。在绘制建筑的三点透视构图时，一般会将建筑主体放置在靠近画面中心的附近，避免出现构图失衡。其次就是根据表现建筑和想表现的效果，合理、灵活地选择视平线位置。如下左图所示，视平线在建筑物上方，视线整体呈俯视，也叫作鸟瞰透视。此种透视角度能全面表现建筑物的整体细节，一般会在表现整体建筑物与周边场地关系时采用。另一种就是以正常的人视角度来表现建筑物，因为人的视线与建筑的关系是呈仰视状态的，所以又叫仰角透视。这种透视不仅能表现建筑的整体空间形态，同时还能兼顾表现建筑物下层的具体细节和形态，如下右图所示。因此不管是哪种透视关系都有各自的优势，所以需要我们在日后的设计构思时灵活运用。

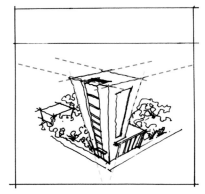

第4天　透视构图与空间的关系

一　透视的基本构图原理

1.视平线

画者的视线高度不一样，视平线就会不一样，视平线高画面就会呈俯视，视平线低画面就会呈仰视。所以我们平时在设计构图时可根据不同的视角来表现不同的设计效果。

视平线居中

　　视平线居中时可以看到建筑与人的关系是均衡的，此种透视关系一般用来表现小体量或近景建筑。

视平线偏上

　　视平线偏上时人与建筑的关系呈俯视状态，此种透视一般用来表现建筑的体量感。

视平线偏高

　　视平线偏高时人与建筑的关系呈鸟瞰状态，此时可以看见建筑的顶面。此种透视关系整体感强，所以一般在需要表现建筑的整体气势时采用该透视。

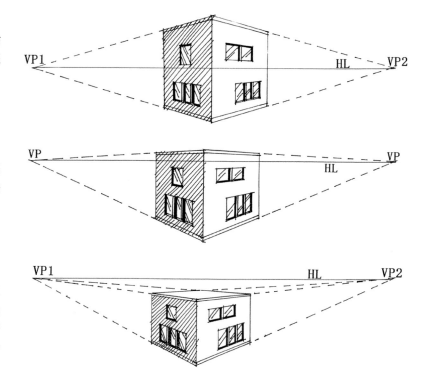

2.视点位置

　　同一个建筑物从不同的视角来表现，因为透视关系不一样所带给人的视觉感受也不一样，所以我们要不断加强对同一建筑不同视角的练习，这样不仅能够加强我们的透视构图水平，而且还能培养我们对建筑空间的感知力和想象能力。对我们的建筑设计表现起到非常好的帮助。

　　右图是正一点透视构图，画面规整，建筑物主体挺拔突出，给人强烈的视觉震撼力。

　　下图是常规的两点透视构图，可以看到比一点透视的构图更富于变化，感染力更强，是建筑表现中用得最多的表现角度。

　　下图打破了常规的两点透视构图，视点有所倾斜，但是画面视觉效果也比较丰富。

二 透视空间的转换

在对基本的透视知识有了掌握以后，为了加强对建筑空间的理解和想象力，接下来学习怎么根据一张平面图生成立面建筑的空间效果图。

平面图的基本概念

平面布置图一般指用平面的方式展现空间的布置和安排，分为公共空间平面布置、室内平面布置、绿化平面布置等。建筑设计平面布置图是布置方案的一种简明图解形式，用以表示建筑物、构筑物、设施、设备等相对平面位置的格局关系。完整的平面图应该信息完整，具有指北针、比例尺和完整的画面效果。

根据平面图转化为透视图是设计中很重要，同时也是较难掌握的一部分。这不仅需要我们有深厚的手绘功底，而且还要有强烈的空间感知能力和想象力，同时还要对建筑设计有一定的深化理解能力。

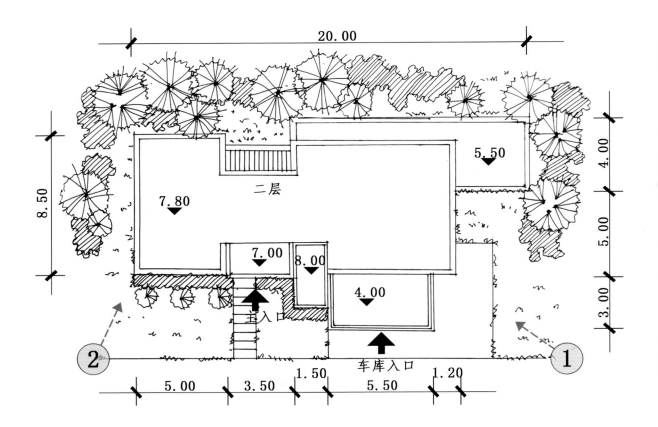

下面就根据一张建筑设计平面草图来绘制立面效果图，以人视角度根据两个不同的视点方向，以两点透视规律来绘制不同的建筑立面效果图，以便大家更直观地理解建筑立面的空间变化。

视点1案例表现

在看到建筑平面图时，应该充分了解平面图所带给我们的图面信息，包括主入口门窗位置、具体的建筑层标高等信息。在了解这方面信息后，我们就要在脑中勾勒出抽象的建筑轮廓线条，然后根据脑中的建筑轮廓开始纸面作图。

（1）根据脑中的建筑轮廓场景选择合理的透视角度，用铅笔绘制出视点1的建筑透视关系及辅助线。注意铅笔稿不可过重，以便后续擦除。

（2）根据视点1的角度，能看到建筑的右侧和正面两个面，所以需要注意透视的变化关系。

（3）根据光线与建筑的关系绘制出建筑的黑白灰3个面，让建筑充满立体厚重感。

（4）完善画面，对建筑立面材质、地面铺装等深入刻画，丰富画面。

视点2案例表现

　　视点2与视点1的主要区别就是从建筑的左侧视线角度进行设计构图，所要表现的是建筑左侧和正面细节效果。方法技巧与视点1类似，只是在建筑细节透视关系方面有所差别。

　　（1）首先根据脑中的建筑细节选择合理的透视角度，同时用铅笔绘制出视点2的建筑透视关系及辅助线。应注意建筑轮廓与视点1的建筑关系是相反的。

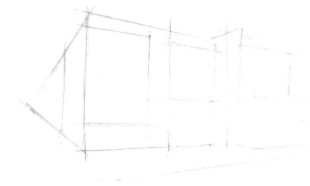

　　（2）根据铅笔底稿用墨线勾画视点2的透视建筑场景，在绘制建筑效果图时也应对配景进行刻画，丰富画面场景。

　　（3）通过光线的变化表现建筑的阴影和立体感，对建筑周边的植物也应深入刻画，使整体画面统一。

　　（4）对建筑立面材质、地面铺装等进行深入刻画，丰富画面效果。

03
基础元素表现技法

SUN	MON	TUE	WED	THU	FRI	SAT
~~1~~	~~2~~	~~3~~	~~4~~	5	6	7

🕐 第5天　建筑配景训练　　　　　　　　　　　　　　　　　　　　　》

🕐 第6天　建筑局部训练　　　　　　　　　　　　　　　　　　　　　》

SUN	MON	TUE	WED	THU	FRI	SAT
8	9	10	11	12	13	14
15	16	17	18	19	20	21
22	23	24	25	26	27	28

🕐 项目实践　　　　　　　　　　　　　　　　　　　　　　　　　　　》

第5天 建筑配景训练

一 乔木配景训练

乔木在建筑手绘当中，主要起到烘托场景的作用，同时还可软化建筑周围的硬质景观。一般建筑当中的植物相对比较概括简化。对于遮挡建筑的乔木，我们经常会将其去掉或者是以落叶枯枝的形式表现，这样能更好地突显建筑。

1.乔木的绘制解析

乔木有明显的主干，分枝点较高。建筑手绘当中的乔木，要多注意枝条的前后穿插与遮挡关系，平时要多观察、多写生，设计时才能更好地提炼与概括乔木，以便运用到建筑设计中。

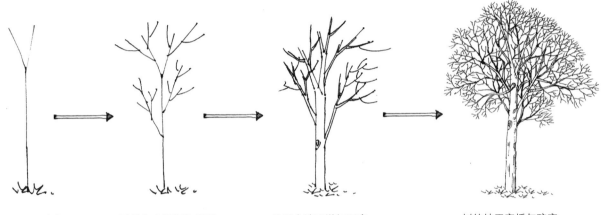

以Y字形演变　　　　　用枝条生长规律概括　　　　　给乔木枝干增加厚度　　　　　树的枝干穿插与疏密

2.乔木树冠的绘制解析

建筑手绘当中的乔木树冠，一般都会用快速的线条概括表现，因此建筑手绘当中的乔木树冠是具有主观性的。可以将树冠造型归纳为以下几类。

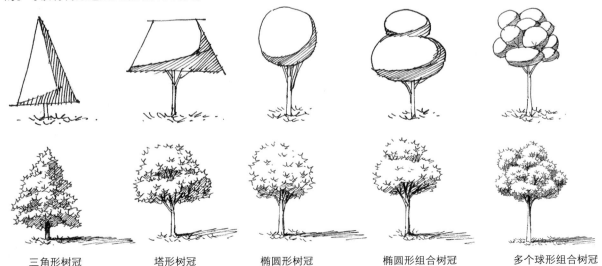

三角形树冠　　　　　塔形树冠　　　　　椭圆形树冠　　　　　椭圆形组合树冠　　　　　多个球形组合树冠

3.乔木的叶片绘制解析

一般在建筑手绘中，乔木叶片都会进行概括性表现，尤其是普通的常绿乔木与落叶乔木。对于一些特殊的乔木，要注意叶片的穿插和走向，如棕榈乔木叶片。

4.乔木案例演练

落叶乔木

（1）绘制出乔木枝干的生长态势，注意枝条的前后穿插关系，并处理好树干与地面的衔接，然后将地被与石头造型画出来。【用时5分钟】

（2）运用抖线概括出乔木树冠的造型，并注意乔木树冠的前后组团关系。【用时4分钟】

（3）强调乔木树冠的明暗关系，将树冠上的组团进一步分清，并刻画出树干旁石头的明暗关系。注意排线尽量运用统一方向的线条排列，这样能更好地保持暗部透气。【用时10分钟】

（4）调整画面，刻画出乔木枝干与地被植物的明暗关系，尤其是处于接近树冠的枝条往往是背光面，刻画时要注意这些细节部分。【用时6分钟】

常绿亚乔木

（1）确定树的枝干以及开支点，注意树枝与树干的粗细关系。【用时2分钟】

（2）画出亚乔木的外轮廓，理清局部间的前后和虚实关系。【用时5分钟】

（3）确定光源，画出其明暗交界线，细化局部。【用时3分钟】

（4）画出暗部以及阴影部分，表现其空间感。【用时2分钟】

棕榈类乔木

（1）绘制出蒲葵的树干，并适当绘制出树干根部的小石头。【用时3分钟】

（2）完整绘制出蒲葵的树冠叶片，要注意下垂的叶片造型。【用时6分钟】

（3）确定好光源，塑造出蒲葵树干的明暗关系，以及蒲葵树干与地面的衔接关系。【用时8分钟】

（4）整体调整画面，加强蒲葵树冠的明暗关系，并局部加强叶片之间的间隙，拉开叶片之间的前后空间层次。【用时6分钟】。

5.乔木作品展示

灌木配景训练

灌木, 是指那些没有明显的主干、呈丛生状态的比较矮小的树木。一般为阔叶植物,也有一些针叶植物,如刺柏。常见灌木有玫瑰、杜鹃、牡丹、小檗、黄杨、沙地柏、铺地柏、连翘、迎春、月季、荆、茉莉、沙柳等。

1.灌木的绘制解析

在绘制灌木时, 也可以将其概括为不同的形体,然后表现细节。

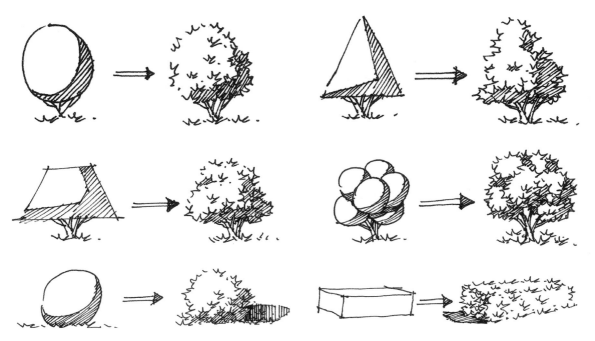

2.灌木案例演练

（1）画出靠前灌木丛的基本轮廓，注意轮廓线要有紧有松。【用时1分钟】

（2）画出后面灌木丛的轮廓。注意近大远小的对比。【用时10秒】

（3）用抖线画出植物的明暗交界线，注意交界线处叶子的方向。【用时20秒】

（4）画出植物的明暗关系，以及灰部用于过渡的抖线。【用时50秒】

（5）局部加重暗部层次，然后加重两组灌木丛之间的衔接部位，以增强前后对比。【用时1分钟】

（6）整体调整画面的明暗关系，完成绘画。【用时30秒】

3.灌木作品展示

 # 地被与花卉训练

1.草地不同表现形式解剖

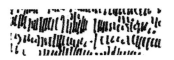  

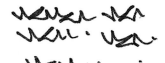 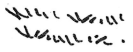

2.草地案例演练

（1）首先确定出道路的透视关系与铺装分割，并规划好石头、草地的区域面积。【用时2分钟】

（2）运用抖线绘制出草地，并刻画出前景置石的明暗关系。在刻画草地的时候要注意疏密关系，越靠前的草地，在用抖线或者是短线绘制时密度要略大一些，这样便于塑造画面的空间关系。【用时3分钟】

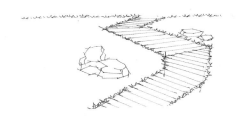 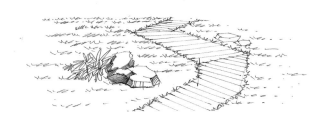

（3）运用抖线绘制出画面的远景绿篱与乔灌木，将画面的视线向远处延伸，强化空间感。【用时3分钟】。

（4）加强画面的整体明暗关系，增强画面的视觉冲击力，整体调整画面的明暗层次，完成绘画。【用时5分钟】。

3.地被与花卉作品展示

四 其他配景赏析

1.水景的绘制解析与欣赏

喷泉基础解剖

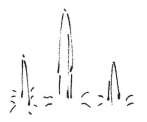

涌泉基础解剖

跌水基础解剖

水面基础解剖

水体作品展示

2.石头的绘制解析与欣赏

太湖石解剖

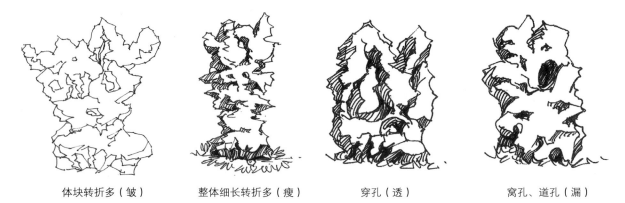

体块转折多（皱） 整体细长转折多（瘦） 穿孔（透） 窝孔、道孔（漏）

千层石解剖

　　千层石是沉积岩的一种，纹理呈层状结构，在层与层之间夹一层浅灰岩石，石纹呈横向，外形似久经风雨侵蚀的岩层。

泰山石解剖

　　泰山石产于泰山山脉周边的溪流山谷，其质地坚硬，基调沉稳、凝重、浑厚，多以渗透、半渗透的纹理画面出现，以其美丽多变的纹理以及年代久远的风化外形而著名。

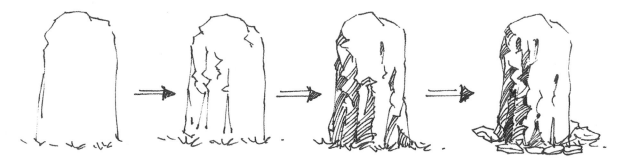

置石解剖

　　散置又称散点，即"攒三聚五"的做法，常用于布置内庭或散点于山坡上作为护坡。散置按体量不同，可分为大散点和小散点。

　　对置是指在建筑物、水景中以及建筑入口两旁对称地布置两块山石，以陪衬环境，丰富景色。

　　特置又称孤置，江南又称"立峰"，多以整块体量巨大、造型奇特和质地、色彩特殊的石材做成。常用作园林入口的障景和对景，漏窗或地穴的对景。

石头作品展示

3.人物的绘制解析与欣赏

人物的头部与身体的比例有一个口诀，即"站七、坐五、盘三半"，以一个头长为单位，全身为7.5个头长，坐姿为5个头长，而盘坐为3.5个头长。儿童站姿在不同年龄会有所差异，一般情况下会呈现出5个头长。

人物作品展示

4.汽车的绘制解析与欣赏

　　下面的汽车是通过方体倒角得到的汽车造型。首先绘制两个叠加的方体，上面一个方体的高度要比下面的矮一些，具体矮多少要根据不同的车型确定；然后在方体里面寻找汽车的透视与造型；最终得到我们想要的汽车造型。在这里提示一下，在绘制方体与在方体内寻找造型的时候，对于基础薄弱的学生建议运用铅笔勾画，便于修改或者后期擦除。

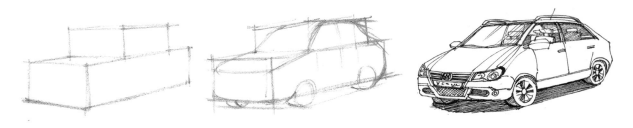

车辆作品展示

第6天 建筑局部训练

一 建筑屋顶

　　无论从建筑的全貌还是局部来看,建筑屋顶都是建筑体上最突出的部分之一,在城市建筑群、居住区、古村庄院落等,建筑屋顶往往是区分不同建筑的鲜明标志。

1.建筑屋顶的基础知识

　　建筑屋顶在不同的地区与国度都有所差异,但也有相同之处。就现代建筑来说,大部分的现代建筑以平屋顶与坡屋顶为主。我国的古建筑屋顶非常有特色,常见的有：重檐庑殿顶、单檐庑殿顶、歇山顶、卷棚顶、悬山顶、硬山顶、圆形赞尖顶、方形赞尖顶、扇面顶、盝顶等。对于这些屋顶形式要牢记于心,在手绘表现时才能很好地理解与掌握不同屋顶的造型与结构。

重檐庑殿顶

单檐庑殿顶

歇山顶

卷棚顶

悬山顶

硬山顶

圆形赞尖顶

方形赞尖顶

扇面顶

盝顶

平屋顶

坡屋顶

2建筑屋顶案例演练

（1）整体布局，勾画出建筑屋顶的结构线，用线要流畅放松。【用时3分钟】

（2）从画面的视觉中心绘制出屋顶瓦片，要注意瓦片的大小、疏密、松紧关系。局部适当留白。【用时17分钟】

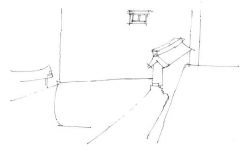
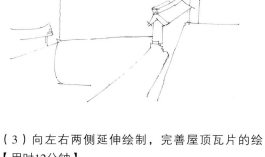

（3）向左右两侧延伸绘制，完善屋顶瓦片的绘制。【用时12分钟】

（4）强化背景墙面，塑造出墙面风吹日晒后的沧桑感。并局部调整画面的暗部，使屋顶具有体积感与厚重感。【用时6分钟】

建筑屋顶作品展示

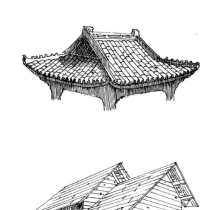
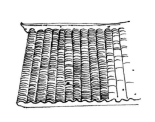

建筑门窗

1.建筑门窗的基础知识

　　建筑门窗因建筑风格与用途不一样也各式各样。有写字楼入口大门、商业酒店大门、入户大门以及开放式的公园大门等。对于窗户来说有落地窗、条形窗、方窗等。门与窗结合的也很多，但常常出现在商业性质的建筑与写字楼上。学习归纳与概括这些建筑重要的构成元素，对于建筑手绘表现来说是不可避免的。

2.建筑门窗案例演练

　　中式门窗是建筑中较有代表性的形式之一，其复杂程度也是显而易见的。通过对中式门窗的训练，可以为以后建筑门窗的刻画打下良好的基础。

　　（1）画出其外轮廓，注意上下比例关系，中式门窗多以双数出现。【用时4分钟】

　　（2）画出内部大致结构走向。【用时2分钟】

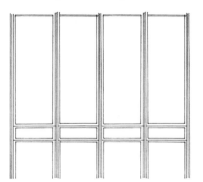 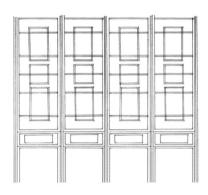

　　（3）根据中式门窗的特征，继续深化，注意构架间的遮挡关系。【用时3分钟】

　　（4）添加构件间的细节，丰富画面。【用时4分钟】

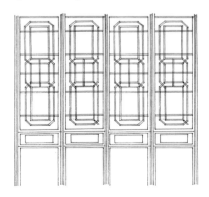 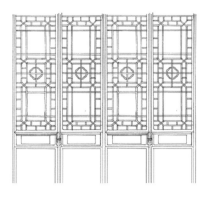

欧式门窗是另一独具特色的形式。在建筑手绘练习中，欧式建筑的练习是必不可少的。

（1）画出其大体轮廓线，欧式门窗大多以单数出现。【用时4分钟】

（2）增加其顶部的装饰部分。【用时2分钟】

（3）由外向内推进，刻画细节。【用时3分钟】

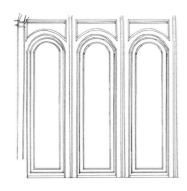

（4）画完最里层的拱门后，画出窗框的结构。【用时5分钟】

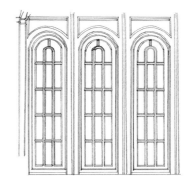

建筑门窗作品展示

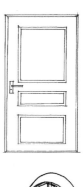

三 建筑地板

1.建筑地板的基础知识

　　建筑地板常常是指建筑室外地面的铺筑物，也包括室内地面的铺筑物，但建筑手绘当中的建筑地板多指室外建筑铺筑物，这些地板根据铺筑材料的不同，所呈现的形态也各式各样。一般石材、木材、混凝土铺筑的地板最为常见。所以在绘制地板之前要先了解地板，才能在绘画当中很好地理解与掌握不同地板的属性与质地。

2.建筑地板案例演练

　　地面的表现是建筑手绘中非常重要的部分，它不仅能使建筑效果图更加贴近实际，同时它还是整幅图的透视标准。

（1）绘制出板岩碎拼铺装。【用时3分钟】

（2）深入刻画板岩铺装细节，注意鹅卵石不宜过大。【用时5分钟】

（3）绘制出板岩铺装暗部，增加画面的立体感。【用时4分钟】

（4）增加铺装细节，绘制出板岩碎拼铺装以及周边的配景草地。【用时3分钟】

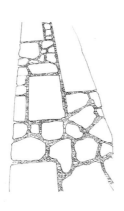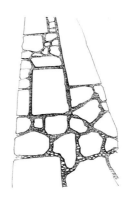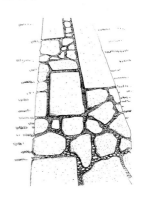

建筑地板成品展示

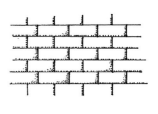

四 建筑墙面

1.建筑墙面的基础知识

　　建筑墙面主要是由不同的建筑材质铺设与外挂组成的，建筑墙面对于建筑外观具有装饰性的作用，其铺设与外挂材质比较多。简单大方的建筑墙面常常以涂料的形式出现。对于建筑手绘来说，建筑墙面材质的表现与刻画是必不可少的，所以大家要熟练掌握。

2.建筑墙面案例演练

　　建筑墙面的刻画能使建筑更具细节，画面更加耐看，更具视觉冲击力，因此练习墙面的表现也是非常重要的。

　　（1）绘制出墙面的拱门部分。【用时2分钟】

　　（2）以拱门为中心画出墙面的其他部分。【用时3分钟】

　　（3）刻画出砖面的细节，表现出墙面的凹凸感。【用时2分钟】

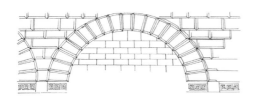

　　（4）根据光源，深入刻画砂岩墙面的暗部以及亮部细节，丰富画面层次。【用时5分钟】

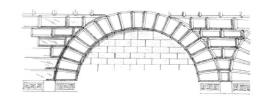

建筑墙面成品展示

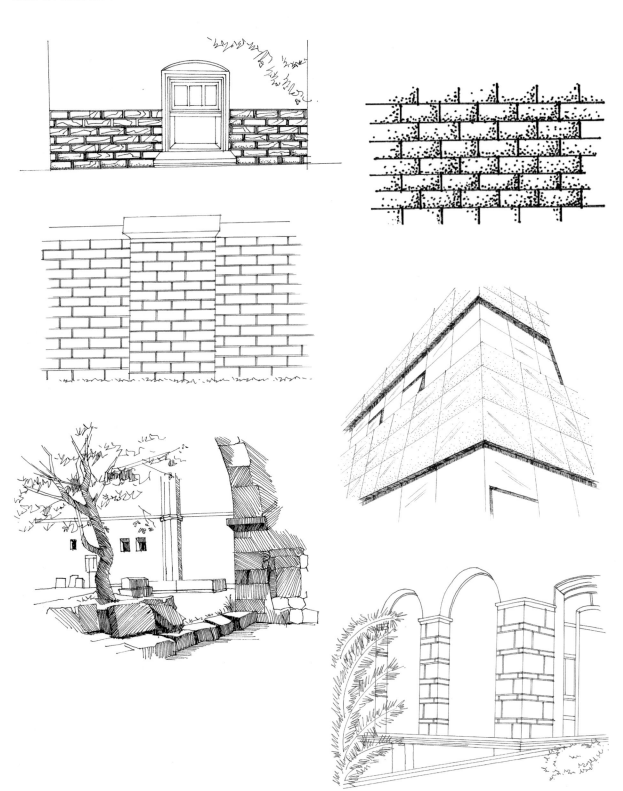

04

形体与建筑的关系

SUN	MON	TUE	WED	THU	FRI	SAT
~~1~~	~~2~~	~~3~~	~~4~~	~~5~~	~~6~~	7
8	9	10	11	12	13	14

15	16	17	18	19	20	21
22	23	24	25	26	27	28

🕐 项目实践　　　　　　　　　　　　　　　　　　　　　　　　　》

第7天 **几何形体的表现与组合训练**

一 不同几何形体的练习

　　通过对不同几何形体的练习，我们能够明白不同形体的构成和阴影关系变化，同时也能对透视空间有进一步的理解和强化，便于对建筑形体空间有初步的了解。

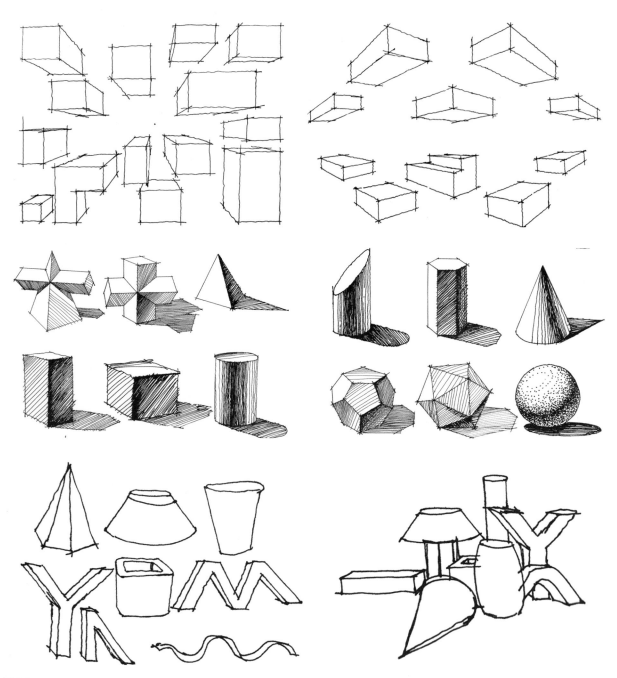

几何形体空间组合表现

几何形体空间组合表现是将相同形体元素或者不同形体元素，通过艺术审美和协调的空间比例组合产生新的形体的空间训练。初学者在练习时，要注意不同的几何形体在衔接时的透视变化。下面列举一些简单的形体空间结合案例。

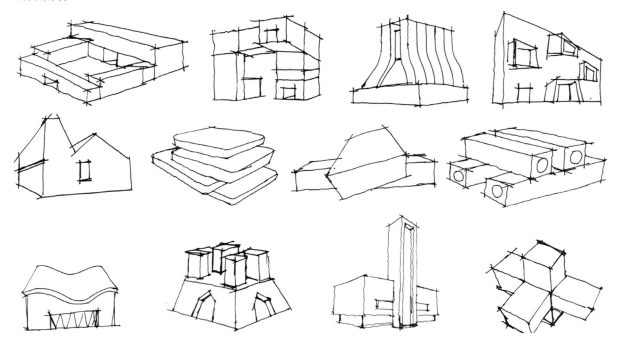

 几何形体训练的3个阶段

几何形体训练的最终目的是为了表达建筑。下面将简单形体的训练分为初步理解建筑形体、细分几何形体、建筑雏形的表达3大步骤。通过循序渐进的表现，引导读者快速进入建筑设计的领域。

1.初步理解建筑形体

初步理解建筑形体，主要是借助几何形体的切割、搭接、咬合、穿插来表现简单的几何形体，从而形成对建筑形体的初步认识与理解。

（1）以简单的几何形体为中心，向周围扩散。注意透视的一致性。【用时3分钟】

（2）根据中心物体的透视，继续向周围增加几何形体。注意整体的透视把握。【用时2分钟】

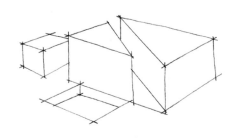

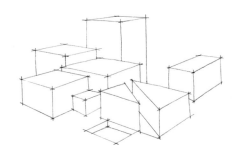

（3）确定光源，根据光源分析得出物体的黑白灰关系。【用时5分钟】

（4）添加阴影,使形体更具立体感。【用时4分钟】

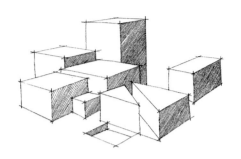 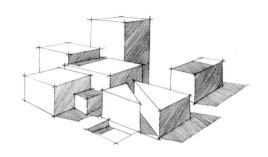

2.细分几何形体

细分几何形体是将简单的形体朝着建筑设计方向引导，进一步训练建筑形体元素的合理位置，通过明暗的表现更好地体现建筑的立体感。

（1）在前面练习的基础上加大强度，以提高绘图者对建筑细节的把握。图中以字母H为中心展开绘制，并加入了少量的建筑元素。【用时4分钟】

（2）加入场景元素，如背景植物、地砖分割线等，烘托建筑氛围。【用时3分钟】

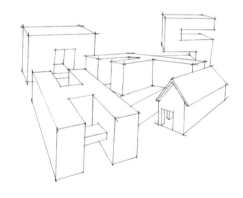

（3）将光源定为场景的左上方，根据光源分析出物体的暗部和阴影的形状，使物体更具空间感。【用时7分钟】

（4）画出阴影，注意处理好阴影的虚实关系。【用时5分钟】

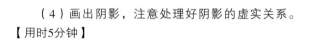

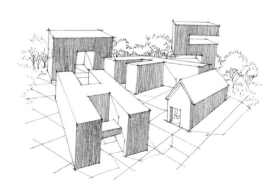 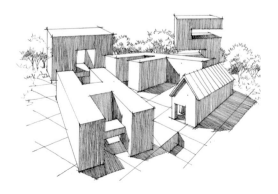

3.建筑雏形的表达

建筑雏形的表达是建立在初步理解建筑形体与细分几何形体的基础之上的，是通过抽象与概括将建筑元素合理地安排在画面中。建筑雏形的表达往往是建筑设计中重要的一环。可以通过任何手段来表达建筑雏形上的不同元素，既可以具体表现，也可以抽象概括地表达建筑的基本结构与要素。

（1）以方形为基础，用铅笔打出底稿，通过几何形体的弯曲、折叠、穿插、切割形成建筑雏形。【用时4分钟】

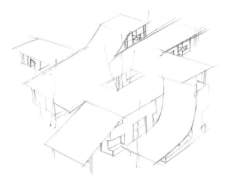

（2）屋顶元素通过软线的排线，表现出建筑深色调元素，并将门窗等元素合理规划。【用时12分钟】

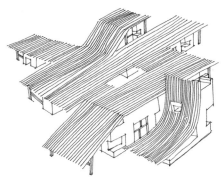

（3）墙面的深浅与影子可以通过点的疏密表现，注意影子的方向要一致。【用时8分钟】

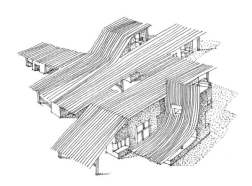

（4）整体调整画面，简要表现出乔木的基本位置与造型，完善画面的空间比例与尺度。【用时4分钟】

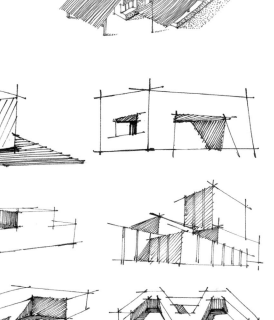

形体训练作品展示

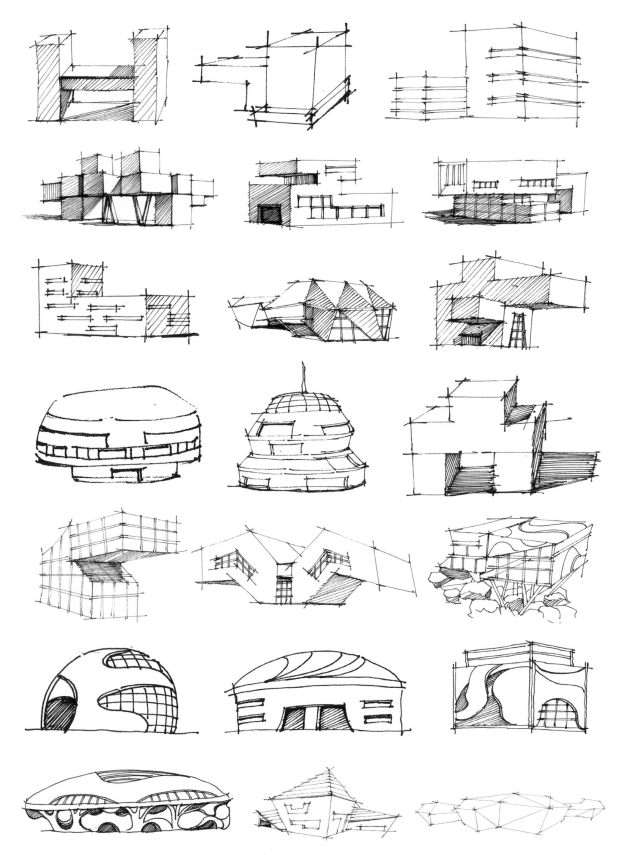

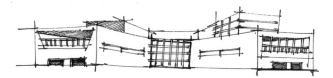

第8天 ▶ 建筑空间思维训练

若想快速表达设计思维、捕捉设计灵感、表达设计意图，我们不仅需要具备较好的绘画基础，还要具备良好的建筑空间思维能力。良好的建筑空间思维能力对于解决各种空间关系尤为重要，甚至可以说，它决定了设计水平的高低，因此有目的地进行建筑空间思维训练非常重要。

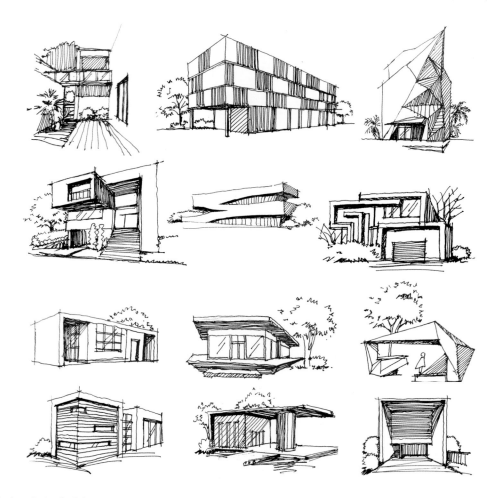

一 形体解析建筑

无论是多么复杂的建筑，都可以用形体的方式概括出来，这种训练能够强化初学者对建筑整体的理解和认识。通过这样的训练不仅能够提升对形体的组合表现、光影的分析认识，以及透视的整体把握能力，更可以提高对建筑设计造型能力的培养与积累，激发设计灵感。

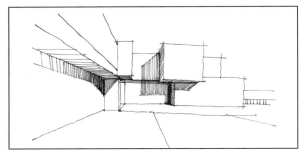

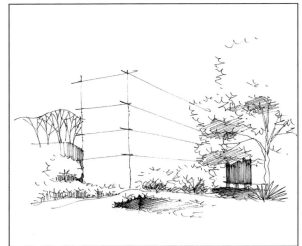

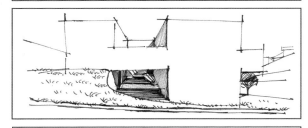

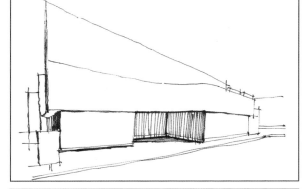

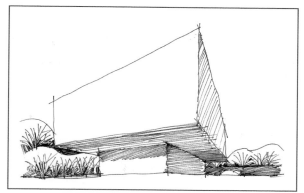

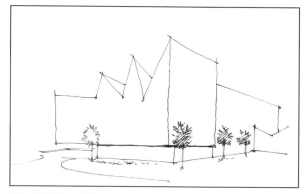

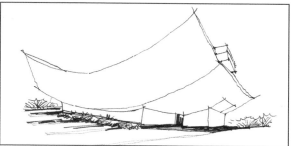

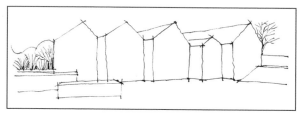

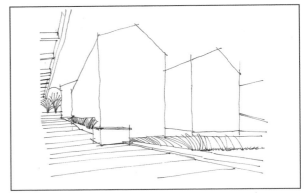

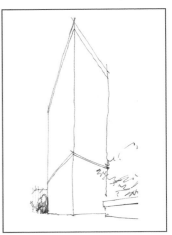

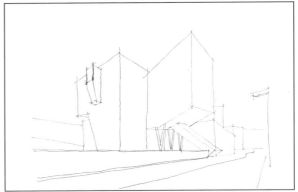

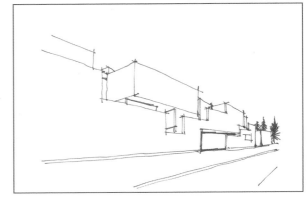

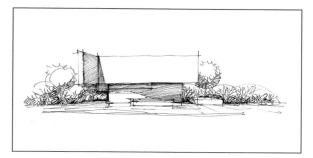

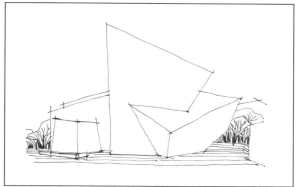

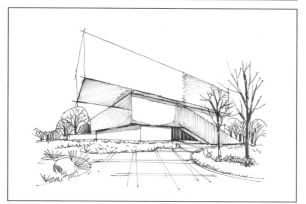

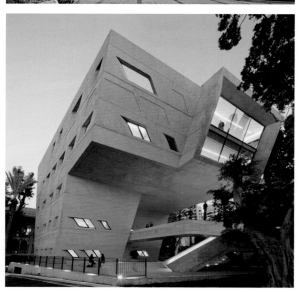

二 几何形体创意空间表现

在建筑设计中，不能只局限于用简单的几何形体进行建筑设计表现，时代在发展，社会的审美需求也在不断发生着变化，这促使我们不断地提升自身的艺术修养和审美，在满足建筑的基本使用需求的前提下能够将不同的元素形态进行抽象艺术加工，产生不同的建筑视觉形态。这也需要我们在平常生活中多发现，多去思考体验，让我们的设计更有创造性。

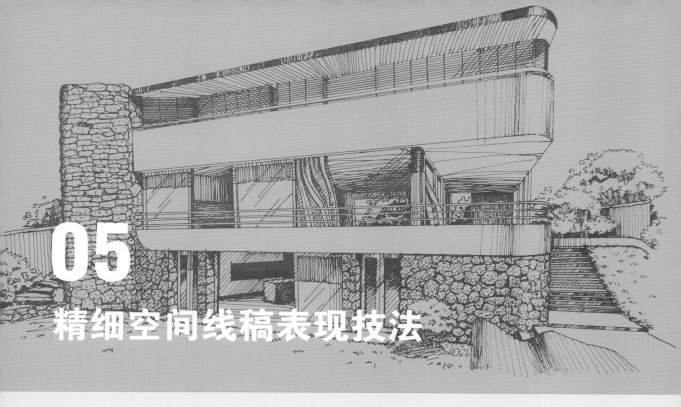

05
精细空间线稿表现技法

SUN	MON	TUE	WED	THU	FRI	SAT
1	2	3	4	5	6	7
8	9	10	11	12	13	14

15	16	17	18	19	20	21
22	23	24	25	26	27	28

🕐 项目实践　　　　　　　　　　　　　　　　　　　　　　　　　　　》

第9天 **建筑材质线稿表现**

1.木材质感表现

木材作为一种传统的自然建筑材料，从古至今都被广泛运用到建筑中。在中国古建筑中，木材更是不可或缺的建筑材料。

原木质感表现

原木质感就是要表现树的横截面上的纹理材质，一般室内设计中较为常见。在绘制过程中，要抓住树的横截面的纹理，也就是树龄的疏密关系及阴影变化进行刻画。

（1）绘制出原木的基本轮廓。　　（2）绘制出原木的暗部，注意明暗关系。　　（3）深入刻画其他细节，调整画面。

防腐木质感表现

防腐木是指经过专门的防腐处理后，专用于室内外环境中的木材，例如室外木地板，建筑外立面装饰等。

（1）绘制防腐木的基本轮廓和细节。　　（2）绘制出暗面，把握好整体的明暗关系。　　（3）深入刻画防腐木的细节纹理，丰富画面。

2.石材质感表现

石材是组成建筑装饰的重要材质，尤其是随着现代科技的发展，石材的加工处理技术也得到快速发展。石材的普及让石材无论在建筑外立面装饰还是地面铺装都受到大规模地使用。常用的石材一般分为自然石材和人造石材两种。

自然石材包括锈石、文化石、蘑菇石、砂岩、毛石、卵石等。

人造石材包括清水砖、陶土砖等。

锈石

（1）绘制出整体的轮廓及石材的大体分割线。

（2）绘制出石材及墙面的暗部，突出石材面。

（3）深入刻画石材面，突出质感。

文化石

 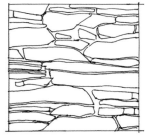 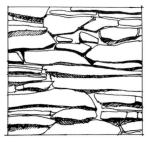 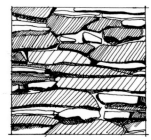

（1）绘制出文化石的整体轮廓线。

（2）把握整体的明暗阴影关系。

（3）根据整体明暗关系及质感，整体刻画石材。

蘑菇石

 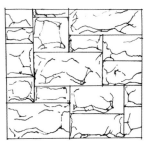 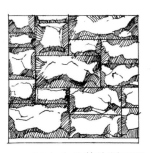 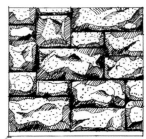

（1）根据质感，绘制出整体轮廓线。

（2）先从整体刻画蘑菇石的暗部。

（3）深入刻画蘑菇石的颗粒质感及细节。

砂岩

（1）绘制出画面的整体轮廓线。

（2）刻画出整体明暗关系及画面暗部。

（3）深入刻画砂岩的颗粒质感及其他细节。

毛石

（1）绘制出画面的整
体轮廓线。

（2）绘制出整体暗
部，突出毛石。

（3）深入刻画毛石的
细节质感，调整画面。

鹅卵石

（1）绘制出画面的整
体轮廓线。

（2）绘制阴影，突出
鹅卵石的体积感。

（3）深入刻画鹅卵石
的阴影细节，突出其圆润
的质感。

清水砖

（1）绘制出清水砖的
整体轮廓线。

（2）绘制出画面暗部
阴影。

（3）把握清水砖的质
感，进行深入刻画。

陶土砖

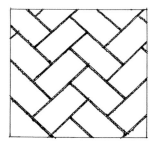

（1）绘制出陶土砖的
轮廓线。

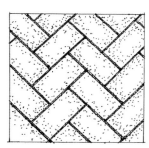

（2）绘制出画面暗部
阴影。

（3）深入刻画细部和
砖的整体质感。

3.玻璃质感表现

　　玻璃是一种现代的新型建筑材料，其主要特点是透明且光滑。通常被用于建筑的窗户采光，也有以玻璃幕墙作为建筑外立面的设计。

玻璃质感表现

　　玻璃是平板状玻璃制品的统称，具有透光、透明、保温、隔声、耐磨、耐气候变化等性能。

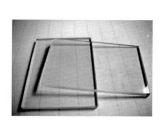 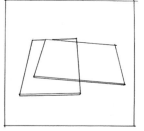  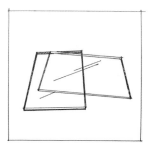

（1）把握构图，绘制主玻璃的整体轮廓结构，注意玻璃的厚度体现。

（2）通过明暗关系表现玻璃的厚度。

（3）绘制出玻璃的高光。

玻璃幕墙质感表现

　　玻璃幕墙是指由支撑结构体系与玻璃组成的，相对主体结构有一定位移能力，不分担主体结构所受作用的建筑外围护结构或装饰结构。墙体有单层和双层玻璃两种。玻璃幕墙是一种美观新颖的建筑墙体装饰方法。

 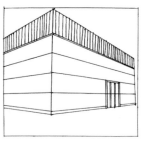  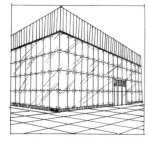

（1）绘制出建筑的整体轮廓结构。

（2）刻画建筑细节和地面的铺装。

（3）绘制出玻璃幕墙的高光并调整效果。

4.钢材质感表现

　　钢材的特征是具有光滑且坚硬的质感。建筑中所使用的钢材一般有两种，一种是用于建筑主体的钢构件，另一种是混凝土结构中所使用的钢筋。

 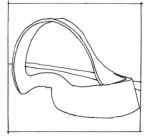  

（1）整体把握画面，绘制出雕塑的轮廓。

（2）从雕塑的暗部阴影开始刻画，注意整体效果。

（3）深入刻画雕塑的明暗关系及高光，丰富画面。

5.瓦顶质感表现

文化石瓦板表现

　　文化石瓦板可分为天然开采和人造两类。天然文化石瓦板有的仅有几毫米的厚度，轻薄而坚韧；人造文化石瓦板是采用浮石、陶粒、硅钙等材料经过专业加工而制成的。把多种规格的瓦板进行形式多变的排列或叠加，可使屋面更富立体感，多种色彩的组合也使建筑更具生命力。

（1）绘制出建筑的基本轮廓及窗户位置。　　（2）绘制出建筑的细节及暗部色调。　　（3）深入刻画屋面瓦片的效果，调整画面。

琉璃瓦表现

　　琉璃瓦是用优质矿石原料，经过筛选粉碎、高压成型、高温烧制而成的，具有强度高、平整度好、吸水率低、抗折、抗冻、耐酸、耐碱、永不褪色、永不风化等显著优点。琉璃瓦广泛适用于厂房、住宅、宾馆、别墅等工业和民用建筑，通常施以金黄、翠绿、碧蓝等彩色铅釉。

（1）绘制出建筑的基本轮廓和屋面的基本纹理。　　（2）绘制出建筑的细节及暗部。　　（3）深入刻画屋面瓦片的效果，调整画面。

青瓦表现

　　青瓦是由黏土和其他合成物制作成湿胚，干燥后通过高温烧制而成的。表面看上去干涩，颜色主要以青色为主。一般多用于古建筑。

（1）绘制出亭子的基本轮廓和纹理线。　　（2）刻画亭子的暗部阴影。　　（3）深入刻画屋面瓦片细节，丰富效果。

沥青瓦表现

　　沥青瓦又称玻纤瓦，是一种应用于建筑屋面的高新防水建材，具有造型多样，适用范围广；隔热、保温；屋顶承重轻，安全可靠；施工简便，综合成本低；经久耐用、无破碎之忧；造型多样、色彩丰富等优点。

（1）绘制出建筑的基本轮廓线，注意建筑的透视变化。

（2）绘制出基本的明暗阴影关系变化。

（3）深入刻画屋面瓦片的细节，丰富画面效果。

金属瓦表现

　　金属瓦是以镀亚铅钢板为主原料，外表经加工被敷九层特殊物质制成的，其表面光滑，反光较强，色彩美丽而且经久不坏。适用于各类坡屋顶建筑的屋面铺装和各类建筑的局部装饰。

（1）绘制出建筑的整体轮廓线，注意瓦面的透视关系。

（2）注意建筑的明暗关系变化，把握整体效果。

（3）深入刻画瓦片的细节，丰富画面效果。

6.线条表现各种质感

　　不同的材质在光照下拥有不同的肌理和色彩，这就是我们所说的质感。不同的质感给人以软硬、虚实、滑涩、韧脆、透明与浑浊等不同的感觉。下面介绍几种在建筑设计手绘中不同材质质感的表现手法。

光滑质感

　　光滑质感，一般指金属、镜面以及玻璃等物体。这类物体一般反光十分强烈，亮部与暗部的分界线也十分明显，给人以坚硬、冰冷的感受。绘画时可用直线表示此类质感，注意物体上的灰调子不宜过多。

 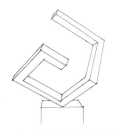  

（1）绘制出建筑的基本轮廓线，注意建筑的透视变化。

（2）绘制出雕塑的暗部，增加画面的立体感。

（3）深入刻画，增加雕塑的空间立体感，丰富画面效果。

纹理质感

　　纹理是指物体表面的组织纹理结构，即各种纵横交错、高低不平、粗糙平滑的纹理变化，是人对设计物表面纹理特征的感受。在建筑设计手绘中，纹理是物质材料与表现手法相结合的产物，是作者依据自己的审美取向和对物体特质的感受。不同的材质，不同的工艺手法，可以产生各种不同的纹理效果。

布料质感

　　布料是指用来制作服装、家用纺织品、装饰品以及其他工艺品、生活用品、工农业生产用品等的表面材料，也是建筑装饰材料中的一种常用材料。在建筑手绘设计中，我们所说的布料则是指窗帘、地毯、床上用品等。

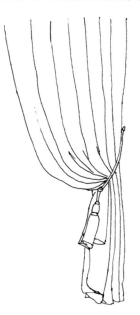
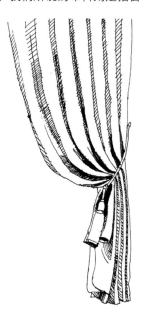
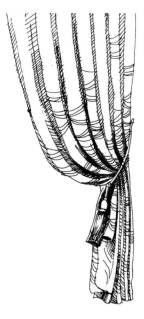

（1）绘制出窗帘的褶皱线和大体轮廓。

（2）绘制出窗帘的大体明暗。

（3）继续深入刻画窗帘的细节，增加窗帘的立体感。

粗糙质感

　　粗糙，顾名思义，是指不光滑物体的表面所呈现出来的视觉感受。此类物体表面一般反光较弱，并有大小不一的颗粒感。下面是一些粗糙质感的表现图。

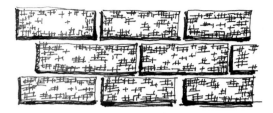

 第10天 建筑空间线稿表现

一 白描效果图处理技巧

　　白描是一种以线稿结合简单的黑白关系处理建筑效果图的画法。其主要特点就是画面简洁干净，没有过多的细节和阴影变化。因为这种画法主要是为了我们后续的效果图上色做准备，所以这种手法表现出来的效果图也叫作"效果图正稿"。

　　下面以案例的形式为大家讲解白描效果图的处理技巧。白描主要以线条表现画面，所以对线条的处理要求较高，不管是对线条精度还是透视关系的把握，都需要特别注意。

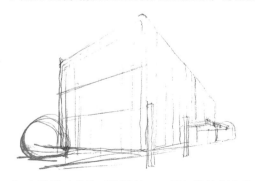

（1）推敲建筑的透视结构，运用铅笔绘制底稿。　　（2）根据铅笔底稿勾勒骨架线，在绘制骨架线的时候可适当根据实际情况和透视结构做调整，因为铅笔底稿只起到辅助线的作用，相对比较随意。

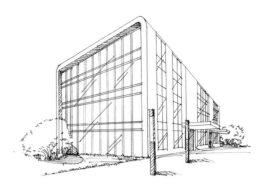

（3）根据建筑的结构关系进行细化处理，同时深化配景和简单的黑白处理，统一画面的节奏，让画面不至于轻浮。

（4）对建筑的玻璃幕墙材质进行深入刻画，并整体调整画面，完善画面。

二 明暗效果图处理技巧

　　明暗线稿与白描线稿的主要区别是白描线稿后续需要上色，而明暗线稿则是直接以丰富的黑白关系表现建筑效果。明暗线稿是以黑白灰调子来表现建筑的不同关系和质感的，其特点是具有强烈的对比和视觉震撼，是有别于色彩效果图的一种效果图处理技巧。因为此种方法是以明暗黑白灰调子来处理画面，所以也叫"钢笔画"。下图即为明暗线稿效果图。

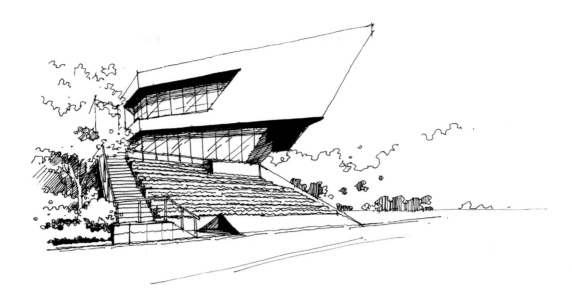

接下来也以一个案例来讲解明暗线稿效果图的处理技巧，这种处理技巧主要是以黑白灰的块面结构来处理主体建筑物，所以对建筑的黑白灰的阴影及材质的刻画都尤为重要。

（1）确定建筑的透视结构和空间关系，绘制建筑的主体骨架线。

（2）运用不同的线形来刻画建筑物墙面不同的材质细节和结构。

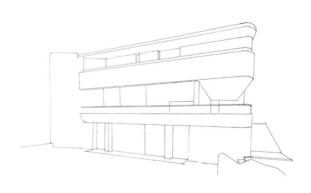

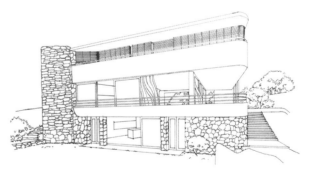

（3）运用建筑的黑白灰关系来表现建筑和配景的块面和立体感，把握整体画面高光和暗面的光线变化。

（4）对建筑物墙面材质的质感进行细致塑造并完善画面。

三 简单建筑训练

在建筑设计当中有一类相对简单的建筑设计,以简洁的造型和线条来塑造鲜明的建筑语言。例如一些比较现代的单体建筑,没有过多的结构线条,常用于一些功能较单一的场地空间之中。它们非对称的灵活构图,简洁的处理手法和轻盈的体形,无时无刻不让人感受到一种现代建筑设计美学所带给人们的美好的视觉体验。下面我们就以一组简单的建筑为例,详解简单建筑的刻画训练。

1.庭院建筑表现

(1)根据铅笔底稿的辅助线,用直尺绘制出建筑的基本框架结构。注意在绘制线稿时可根据建筑透视关系做适当调整。

铅笔底稿。

注意景物的前后关系,在绘制墨线时需注意留出植物的空白位置。

注意楼梯的透视变化和转折关系。

注意入口门头的块面变化,在绘制墨线时需特别注意避免出错。

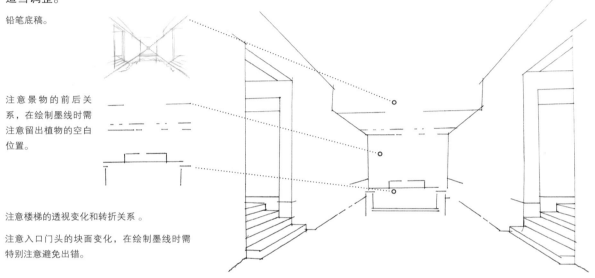

(2)细化建筑结构并对建筑配景进行深入刻画。在刻画植物时,需注意近大远小的透视变化关系。

前后背景植物在有交错时应该用不同的线条形式区分开,避免画面缺乏景深。

注意墙角的灌木随透视关系的变化,应该呈近大远小的关系。

近景有大面积的地被花灌木时,可用折线大面积概括,追求画面的整体感。

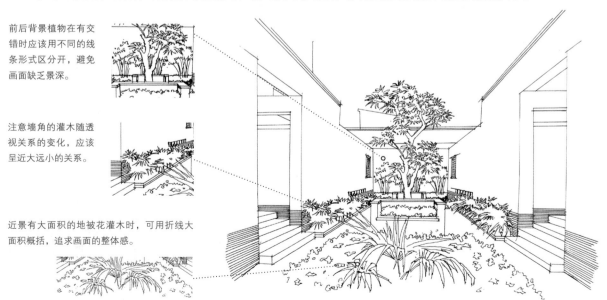

（3）刻画建筑与配景的明暗关系，注意区分不同材质之间的色彩深浅变化。

注意入口台阶的材质
与颜色变化，用规整
的线条来刻画突显
其颜色质感。

注意墙面格栅的细节
刻画，线条不能太乱，
以免破坏整体感。

注意树池中的植物阴
影变化。

（4）对地面铺装材质进行深入刻画，最后整体调整，完善画面效果。

远景乔木可整体块面
化处理，既能节约时
间，又能加强景深，
强化画面效果。

注意墙面转折衔接时
所产生的阴影应有深
浅变化。

注意地面材质的质感
变化，用不同的线形
表现不同的质感。

2.商业建筑表现

（1）从整体透视考虑确定建筑的基本骨架轮廓线，运用肯定的硬直线勾勒出建筑的基本骨架。

绘制建筑整体轮廓线时，注意水景呈现的细节变化，为后续深入刻画细节做准备。

注意导视牌与建筑之间的前后关系。

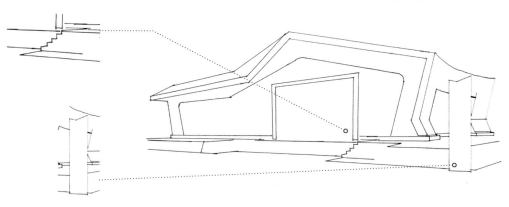

（2）细化建筑结构，然后绘制出前景铺装和远景中的植物配景。

在表现前景铺装时注意透视的表现，对于初学者可以借用直尺辅助。

远景中的植物简单概括即可，同时要注意画面的平衡和协调。

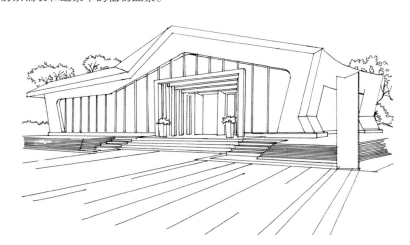

（3）绘制出建筑和配景植物的明暗关系，并深入刻画玻璃幕墙和地面铺装细节。

注意屋顶与墙面的细节阴影变化，同时把屋顶的深色金属质感刻画出来。

注意铺装块面之间的颜色明暗关系变化。

画水景时可根据水面的倒影来表现水面的光感。

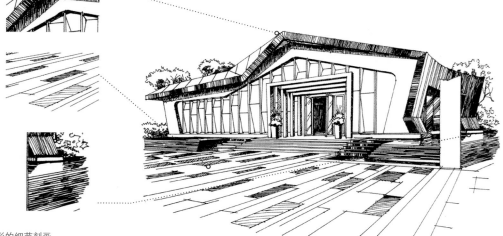

注意玻璃幕墙呈折线形的细节刻画。

（4）调整画面整体效果，完善玻璃幕墙入口门头白色墙面等小品的刻画。

玻璃幕墙是呈折线形手法排列的，需通过刻画暗部来突显它。

注意门头的细节和阴影变化，以及花钵的阴影关系等刻画。

注意墙面的材质和颜色深浅变化，在刻画中运用不同的手法把它表现出来。

注意标示牌上面的细节表现，让画面细节更丰富。

TIPS 简单的建筑虽然线条简洁没有过多的细节，但是我们也需在刻画的时候注意大的关系及明暗的刻画，同时在材质细节上进行刻画来突显小体量建筑的体块感。

四 复杂建筑训练

复杂的建筑主要是一些建筑细节较为丰富，而且透视感、明暗细节变化丰富的建筑形态，例如国外的古典建筑和中国的古建筑等。之所以要进行复杂的建筑训练，一是对我们前面所学的知识进行整体的巩固和呈现，二是通过这种训练来提升自我的造型能力、审美能力、对画面空间的掌控能力等表现力，以便今后的工作学习中能够将我们的设计思维快速表现出来。

1.现代别墅表现

绘制两点透视建筑时，首先要确定视平线和两个消失点的位置，然后根据两个消失点和两点透视的作图规律用铅笔绘制出建筑辅助线，注意合理布置纸张与画面大小的关系。

（1）根据铅笔底稿的辅助线用直尺绘制出建筑的基本骨架线，注意留出植物的空白区域。

铅笔底稿。

注意两点透视的建筑块面关系变化，画面线条可适当出头，增强块面感。

注意不同建筑块面之间的衔接关系，不可画面错乱。

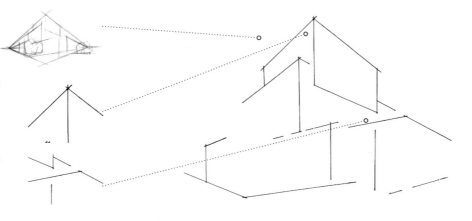

（2）刻画建筑细部结构及配景植物，丰富画面。

刻画窗户细节就是明确其块面关系变化。

注意门头装饰横杆的透视变化。

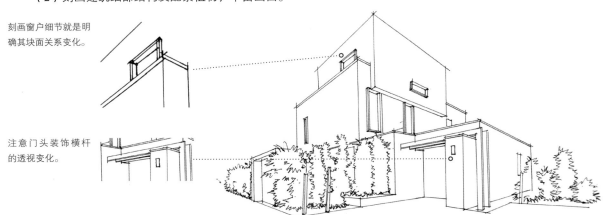

（3）进一步刻画建筑与植物配景的明暗关系，注意建筑与植物间的明暗对比。

注意建筑墙面的防腐木装饰，线条应该规整有序，避免与建筑的阴影线类似。

注意建筑块面之间的阴影刻画应有轻重变化，加强建筑的立体感。

墙面的阴影出现重复时应加以区分，加强建筑细节及厚重感。

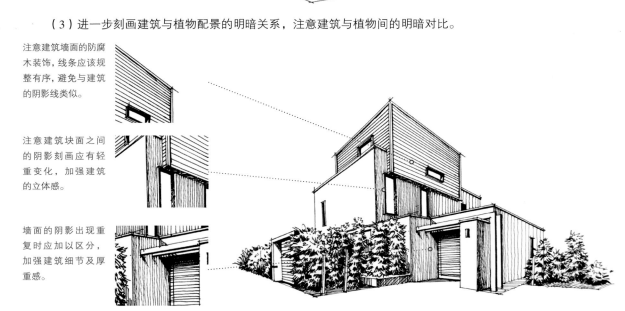

（4）完善画面，深入刻画建筑墙面与地面的材质细节，丰富画面效果。

注意建筑的整体色彩质感变化，应加以刻画区分，但不可布满画面，应有虚实变化。

加强窗户玻璃材质的变化，加强建筑细节对比，丰富画面。

地面铺装的变化也应随透视呈现出近大远小的变化，丰富细节。

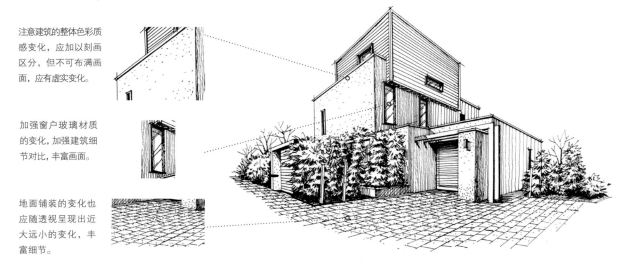

2.欧式别墅表现

（1）用铅笔初步画出建筑的大体轮廓关系，注意建筑物的透视变化。注意铅笔线的力度不宜太重，以免后续擦除不掉。

（2）通过铅笔底稿画出建筑的骨架墨线造型，并且对建筑物的周边配景进行简单刻画。因为铅笔底稿只是为了辅助墨线构图，所以在画墨线时可根据建筑的实际情况进行适当调整。

注意屋顶的斜角和建筑的透视关系，以及屋顶细节的刻画。

注意拱形窗格的透视大小变化，且需要注意建筑此处的块面关系。

运用抖线刻画对建筑有遮挡的植物，同时内部留白方便后续刻画。

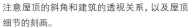

注意建筑门口配景的细节以及与建筑的前后关系对比，避免出现前后矛盾的线条。

（3）继续细化建筑各项细节，特别是在建筑物的细节线条较为丰富时，应注意建筑物的各个面之间的块面衔接和透视变化关系。

拱形的阳台是整个建筑的中心区域，应深入刻画突显整个建筑物的魅力。在刻画拱形的建筑物时应注意线条的透视关系。

注意屋顶窗户的刻画，同时注意阴影的透视变化。

斜屋顶的内部有一定的建筑细节，应进行深入刻画突显整体建筑风格。

注意建筑物的块面变化。此处有3个块面的转折关系，所以在处理时应特别注意，为后续空间的变化做好准备。

（4）对建筑墙面的各项材质进行表现，同时把握建筑的明暗关系，让建筑产生明暗对比和立体感。

此处应注意运用黑白灰不同的处理手法来表现建筑的阴影与块面变化，使建筑具有层次和立体感。

建筑的拱顶阳台是该画面的中心，应用明暗对比的关系表现拱顶的层次。

注意此处建筑的墙面因为透视和光线的关系，墙面的过渡是有灰度变化的，用不同的笔触来区分块面变化。

在对建筑进行刻画时也应对建筑物前的水景进行深入刻画，通过不同的阴影变化来表现不同的质感。

建筑物前的乔木用简洁的黑白灰块面处理即可，避免刻画过细而喧宾夺主，使画面失去重心。

（5）调整建筑整体画面，加强对各种细节材质的刻画使画面更丰富协调。

围墙的毛石质感应该运用毛石材质的刻画技巧来表现其立体块面感。

其次就是对建筑的窗户玻璃材质的刻画，使其与其他材质形成对比，同时使画面更丰富。

建筑的柱子应以不同的手法来突显其浅色的质感，同时与其他材质进行区分。

TIPS 复杂的建筑虽然建筑细节较多，结构复杂，但只要严格遵循建筑透视的变化技巧，一步步细致深入的刻画，必然会达到自己理想的效果。

06

马克笔表现技法

SUN	MON	TUE	WED	THU	FRI	SAT
~~1~~	~~2~~	~~3~~	~~4~~	~~5~~	~~6~~	~~7~~
~~8~~	~~9~~	~~10~~	11	12	13	14

🕐 第11天　马克笔基础表现技法	»
🕐 第12天　马克笔色彩表现	»
🕐 第13天　配景马克笔上色	»

15	16	17	18	19	20	21
22	23	24	25	26	27	28

🕐 **项目实践**　　　 «

第11天 马克笔基础表现技法

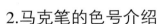 马克笔的认识

对于马克笔的基本介绍在第1章进行了讲解，这里就不再重复。本节主要是讲解马克笔与上色相关的知识。

1.马克笔的笔头

在讲解马克笔的使用方法之前，首先要弄清楚马克笔的几种不同的笔头，不同的笔头所画出来的线条与所表现的对象是不一样的。在右图中从左到右分别是为斜口型、细长型、圆头型和平头型，宽笔头适合表现大面积的区域，而细笔头适合表现过渡与细节。

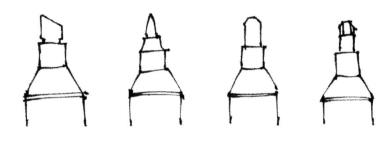

2.马克笔的色号介绍

一般Touch2代、Touch3代、Touch4代等马克笔的色彩都一样，只是笔的形状有些变化。右图是Touch牌马克笔的色号表。在绘画时找不准颜色可以对比右图，寻找相应的颜色。

型号	颜色	型号	颜色	型号	颜色	型号	颜色	型号	颜色
1		29		58		87		CG7	
2		31		59		88		CG8	
3		32		61		89		CG9	
4		33		62		91		WG0.5	
5		34		63		92		WG1	
6		35		64		93		WG2	
7		36		65		94		WG3	
8		37		66		95		WG4	
9		41		67		96		WG5	
10		42		68		97		WG6	
11		43		69		98		WG7	
12		44		70		99		WG8	
13		45		71		100		WG9	
14		46		72		101		BG1	
15		47		73		102		BG3	
16		48		74		103		BG5	
17		49		75		104		BG7	
21		50		76		120		BG9	
22		51		77		CG0.5		GG1	
23		52		81		CG1		GG3	
24		53		82		CG2		GG5	
25		54		83		CG3		GG7	
26		55		84		CG4		GG9	
27		56		85		CG5			
28		57		86		CG6			

二 马克笔的基础用笔方式

1.单行摆笔

摆笔是在马克笔运用中最常见的一种笔触，画出来的线条简单的平行或垂直排列。线条的交界线明显，它讲究快、直、稳。相对较远的距离可以用尺子画，这样能达到更好的效果。一般情况下还是徒手表现为宜，便于练习控笔能力。

接下来具体演示单行摆笔不同方向上的排列，首先以块面完整，整体铺满的形式练习。如下图横向与竖向的练习。

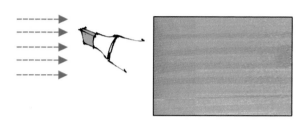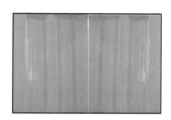

马克笔单行摆笔可以适当运用线条的渐变过渡，使画面有虚实感。

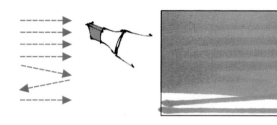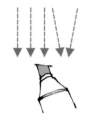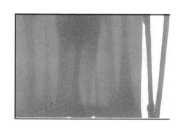

单行摆笔的练习方法

通过笔触渐变排线练习，可以熟练掌握单行摆笔的上色技巧。这种笔触利用宽头整齐排列线条，过渡时利用宽头侧峰或者细头画细线。运笔一气呵成，整体块面效果强。但要注意不能一味地强调过渡笔触，否则画面过渡会显得凌乱。

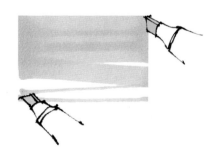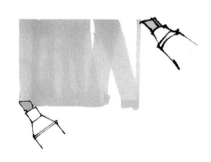

2.叠加摆笔

叠加摆笔是通过不同深浅色调的笔触叠加而产生不同层次的画面色彩，这种笔触过渡清晰硬朗。为了体现明显的画面对比效果与丰富的笔触，常常采用几种颜色叠加，这种叠加一般在同类色中运用得较多，往往在同类色中铺完第一遍浅色之后，还会在此基础之上叠加第二层深色调，甚至会根据画面要求叠加第三层。叠加时要注意从浅到深的顺序，每次叠加的色彩面积应该逐渐减少，忌讳覆盖掉上一遍色调。

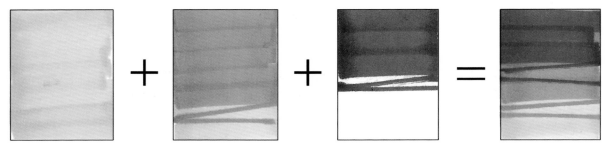

若从深到浅过渡，会导致画面出现水印和脏的状况。

摆笔的不同叠加方法

通过不同方向与深浅色调的叠加，尤其是两种颜色的叠加，颜色色阶越接近的叠加过渡越自然。暗部叠加过渡时，往往运用色阶较小的两种颜色叠加以及3种同类色叠加，表现出和谐的画面效果。

叠加摆笔的练习方法

叠加摆笔可以通过一系列的方体、小品、石头、铺装等进行练习，便于后续更好地塑造画面效果。

3.扫笔

扫笔是一种高级技法，它可以一笔画出过渡与深浅，在画面的暗部过渡、边界过渡以及边缘过渡，它都形影不离地跟随。扫笔讲究快，用笔时起笔较重，可以理解为没有收笔。收笔笔尖不与纸面接触，是垂直飘在纸面上空的。所以这种笔触也可以理解为过渡笔触。

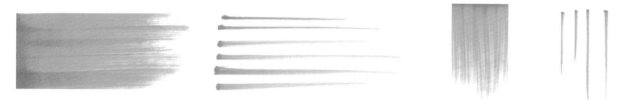

扫笔的练习方法

扫笔一般用于画面边缘的过渡，建筑体块转折明暗过渡、草地边缘的过渡等最为常见，可以通过一系列的建筑体块、草地练习来熟练掌握扫笔技法。

4.斜推

斜推是透视图中不可避免的笔触，只要画面存在透视关系就会有交叉的区域，这些区域如果用平移的笔触就一定会产生锯齿，所以大家一定要很好地掌握斜推，这是画透视图必备的一种笔触。

斜推的练习方法

斜推的最好练习方法是通过一些不规则多边角的形状练习。练习时要注意边角尽量与马克笔的笔面平行，避免边缘出现锯齿，影响画面效果。

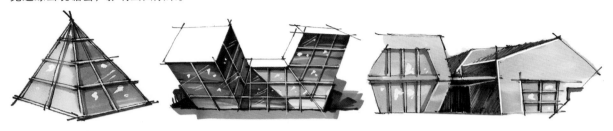

5.揉笔带点

揉笔带点在建筑手绘当中，一般应用于玻璃幕墙与天空表现。它讲究柔和、自然。

揉笔带点的练习方法

揉笔带点的笔触在树冠、草地、云彩、玻璃幕墙上运用较多，通过一系列的上色练习可以熟练掌握这种笔触。但注意不要点得太多，避免画面出现凌乱的感觉。

三 马克笔线条与形体训练

1.马克笔线条的训练

马克笔的宽头一般用来大面积润色，线条清晰工整，边缘明显；细笔头一般用于表现细节，线条较细；马克笔侧峰可以画出纤细的线条，力度大线条粗，稍加提笔可以让线条更细。

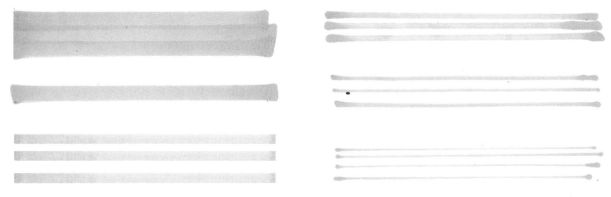

2.马克笔光影与形体的训练

　　光影与形体的表现能增强画面物体的体积、空间、视觉、透视等关系，因此光影与形体的训练十分重要。接下来以马克笔的灰色系列绘制出几何形体的黑、白、灰明暗关系。深入了解物体的光影与形体，同时练习马克笔的上色方法。

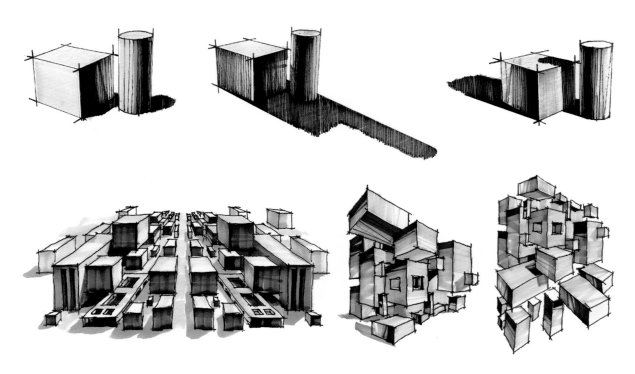

　　紧接着以不同色调的马克笔表现出物体的光影与体块关系。注意马克笔上色的顺序是由浅至深，这样叠加颜色会显得自然些，如果采用由深到浅的叠加顺序，颜色会出现腻、脏的状态。马克笔绘画完成之后，可以运用彩铅调整局部的过渡，使得画面更加自然。

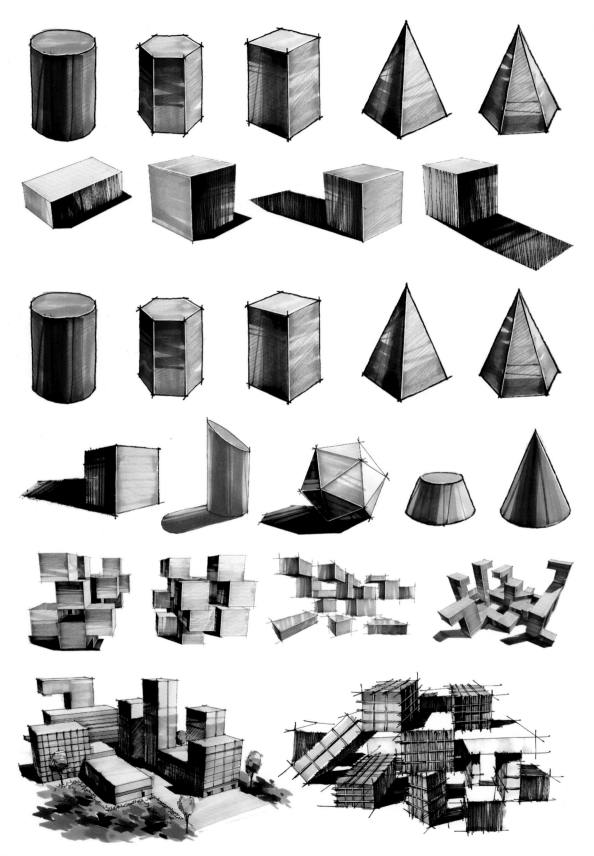

第12天 马克笔色彩表现

一 马克笔渐变与过渡

1.马克笔渐变与过渡的基本形式

相对于水彩、水粉等其他材料,建筑手绘中的马克笔渐变与过渡相对会生硬、明显一些,这是由马克笔的属性决定的。那么下面先了解一下马克笔过渡的笔触方式。如下图,马克笔过渡的笔触一般会被处理成字母V的造型。

2.马克笔渐变与过渡的表现

马克笔渐变与过渡的训练方法有很多,一般会选择几何体进行练习。注意用色尽量不要过多,以3~5种颜色概括出体块的转折与明暗即可。首先用四组简单的几何形体,练习建筑的大体块。

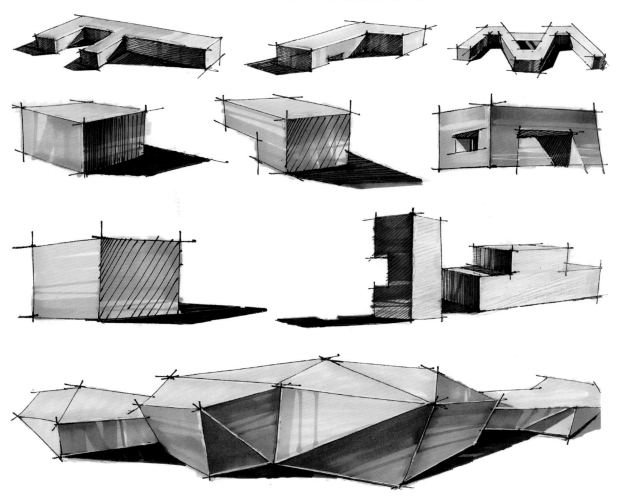

接下来在简单的几何形体的基础上，将体块进一步细分，将基本体块采用叠加、组合、穿插、推拉等手段形成简单直观的建筑雏形。这一部分是建筑前期构思的一个重要阶段，同时也是训练马克笔渐变与过渡的良好手段，简单的形体能使初学者更好地掌握笔触过渡的方法。

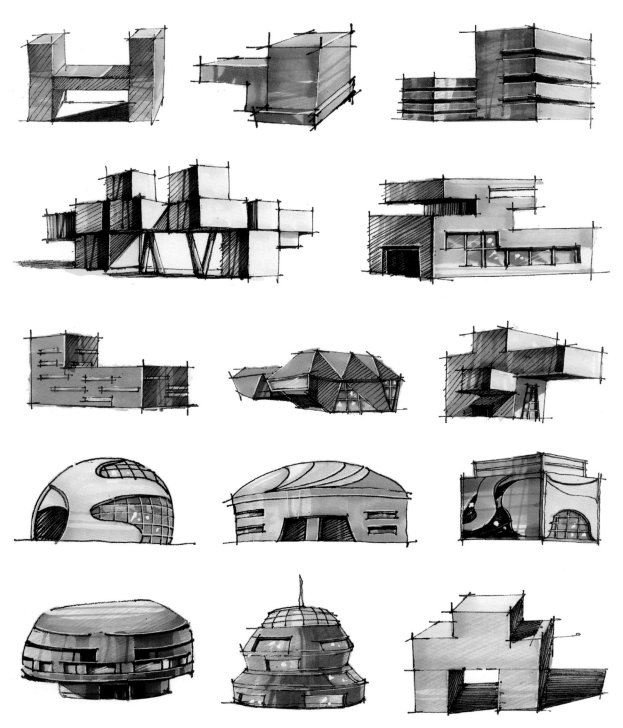

最后将简单的体块进一步细分，绘画出单体与组合的门窗细部。通过马克笔的笔触渐变与过渡练习，将我们的设计构思体现出来，一举两得。平时要采用这样的方法多加练习，不仅能练习上色技法，还能激发设计灵感。

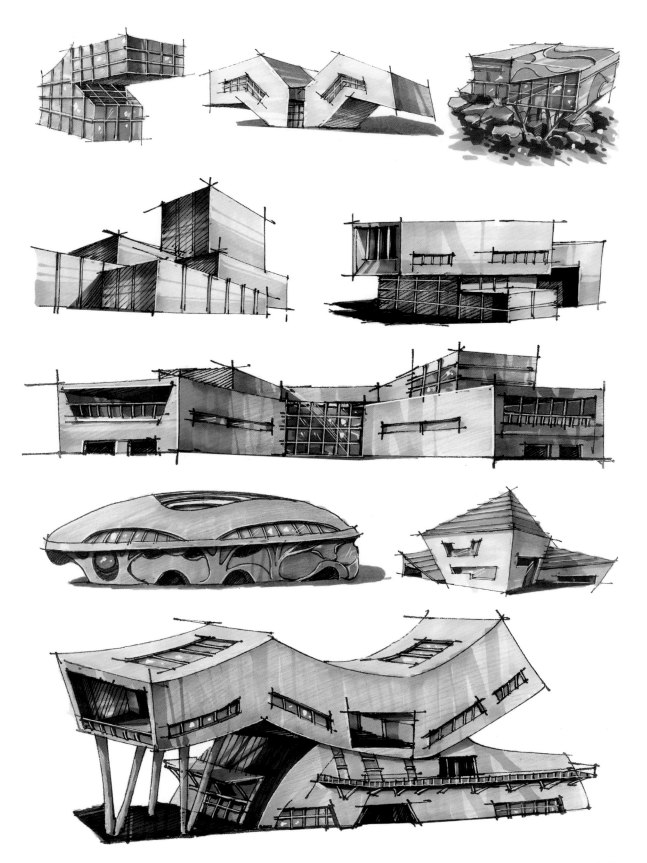

二 不同材质的马克笔表达

1.原木与防腐木上色表现

原木材质上色

WG1　WG3
WG4　WG7
409

（1）用TouchWG1和TouchWG3绘制出木材的第一遍色调，奠定基调。

（2）用TouchWG4和TouchWG7绘制出木材的固有色与深色调。

（3）用彩铅colours409绘制出暖色调，并运用提白笔局部提亮。

防腐木材质上色

WG1　36
WG5　409

（1）用TouchWG1和Touch36绘制出防腐木与小石头的亮部色调。

（2）用TouchWG5绘制出防腐木的暗部色调，注意叠加颜色时，要保留上一步的色调，不可全部覆盖。

（3）用彩铅colours409绘制出防腐木的暖色调，并运用提白笔提出亮部，完成绘画。

2.天然石材上色表现

天然石材包括锈石、蘑菇石、砂岩、毛石、卵石等。接下来具体讲述几种天然石材的上色表现。

锈石材质上色

36　48
120　WG2
97　47
427　43
CG5

（1）用Touch36、Touch48、Touch97分别绘制出锈石景观墙面、植物亮部色调和盆栽陶罐的基本色调。

（2）用TouchWG2和TouchCG5绘制出锈石墙面与植物投射到景墙上的影子，然后用Touch47、Touch43、Touch120绘制出植物树冠的明暗体块。

（3）用彩铅colours427丰富锈石景墙的色调，并运用提白笔提出高光，塑造光感。

天然文化石上色

146	WG1
WG3	CG9
WG2	BG3
BG5	WG8

（1）用TouchWG1、TouchWG2、TouchBG3、Touch146表现出文化石不同石块的基本色调。

（2）用TouchBG5、TouchCG9、TouchWG8加强文化石的明暗深浅层次。

（3）用TouchWG3丰富过渡色调，并用提白笔提出亮部高光。注意亮部的表现，既可以提白又可以运用明度、纯度较高的颜色绘画。

蘑菇石材质上色

WG1	WG3
WG4	WG6
415	

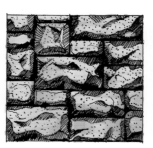
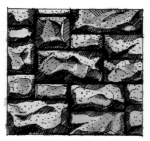

（1）用TouchWG1、TouchWG3绘制出蘑菇石的亮部色调与暗部亮色，拉开明暗关系，奠定基调。

（2）用TouchWG4、TouchWG6绘制出过渡色与暗部深色调，进一步拉开明暗关系。

（3）用colours415丰富蘑菇石的暖色调，并用提白笔提出高光，使画面明暗对比更加强烈。

砂岩材质上色

47	97
36	9
48	76
GG3	WG2
WG5	43
120	59
102	

（1）用TouchGG3、TouchWG2和Touch36绘制砂岩地面铺装的色调，然后用Touch9、Touch59和Touch48绘制出植物的色调。

（2）用Touch76和TouchWG5局部加深地面铺装的色调，然后用Touch47、Touch43和Touch120加强植物的塑造，接着用Touch97和Touch102绘制出土地的色调。

（3）整体调整画面，运用提白笔提出画面高光，完成绘画。

毛石上色

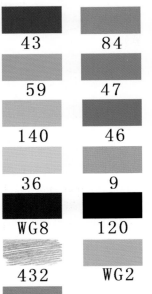

（1）用Touch36绘制出石头的亮部色调，然后用Touch9、Touch59和Touch47绘制出植物的亮色。

（2）用TouchWG2和Touch140加强毛石挡土墙的固有色，然后用Touch46、Touch43和Touch84绘制出植物的明暗体块。

（3）用TouchWG4和TouchWG8加强毛石的过渡色与暗部色调，然后用Touch120加强植物暗部层次，接着用彩铅colours432丰富毛石的暖色调。

卵石上色

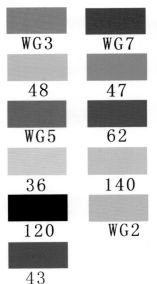

（1）用Touch36、Touch140、Touch48绘制出画面卵石亮部色调与植物亮色。

（2）用Touch47、Touch43绘画出植物的固有色与暗部色调，然后用TouchWG2、TouchWG5、Touch62绘制出卵石的明暗关系，并做好冷暖区分，接着用TouchWG3与TouchWG7绘画出卵石的过渡色与暗部深色调。

（3）用Touch120加深植物暗部的塑造，并运用提白笔提出高光，塑造画面光感。

3.砖面材质上色表现

清水砖材质上色

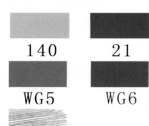

（1）用Touch140整体铺满清水砖，为画面奠定基调。

（2）用Touch21绘制出清水砖的固有色，然后用TouchWG5和TouchWG6加强砖块和砖块之间的缝隙，突出砖块。

（3）用colours432丰富清水砖的环境色，然后用提白笔提出高光，完善画面的绘制。

陶土砖材质上色

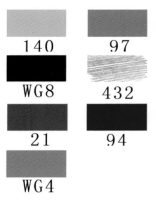

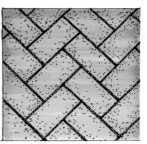

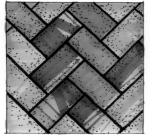

（1）用Touch97和Touch140绘制出陶土砖的第一遍色调，运笔尽量快速。

（2）用Touch21和Touch94加强陶土砖的深色调，然后用TouchWG4叠加一次，降低局部陶土砖的明度，接着用TouchWG8加强陶土砖之间的缝隙表现。

（3）用彩铅colours432丰富陶土砖的固有色，并运用提白笔提白，加强明暗对比。

4.玻璃质感上色表现

玻璃质感上色

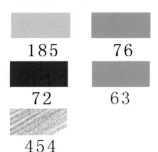

（1）用Touch185整体铺色，绘制出玻璃的亮部色调。

（2）用Touch76、Touch72和Touch63绘制出玻璃的环境色与暗部色调，然后用彩铅colours454过渡。

（3）调整画面，用提白笔绘制出高光与反光，表现出玻璃质感。

玻璃幕墙上色

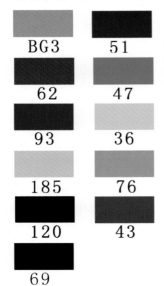

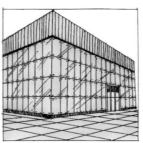

（1）用Touch185整体铺满建筑玻璃幕墙的亮部色调。

（2）用Touch62和Touch76绘制出玻璃幕墙的暗部深色调，然后用Touch47、Touch43、Touch93绘制出玻璃幕墙上植物的颜色，接着用Touch36表现出亮部暖色调的光，最后用TouchBG3加强地面铺装的深色调。

（3）用Touch51进一步加强玻璃幕墙上的植物暗部色调，然后用Touch69和Touch120加强玻璃幕墙的暗部深色调，强调体块转折。接着用提白笔提出高光与反光，塑造画面的光感。

5.不锈钢上色表现

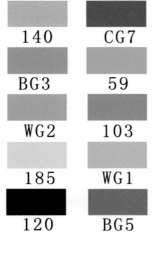

（1）用Touch185、TouchWG1、TouchBG3和Touch59绘制出不锈钢的亮部颜色与环境色调。

（2）用TouchBG5、TouchWG2、Touch103、Touch140、TouchCG7和Touch120绘制出不锈钢的暗部深色调与局部环境色，整体拉开明暗关系。

（3）整体调整画面，运用提白笔画出不锈钢的反光与高光。注意反光与高光的明度要进行区分。

6.屋顶瓦面材质上色表现

文化石瓦板上色

GG3	WG1
BG5	CG4
WG7	BG3
36	CG7

（1）用TouchGG3、TouchWG1、TouchWG7和TouchBG3绘制出文化石瓦板的固有色、环境色，以及窗户的明暗转折与屋檐暗部色调，整体拉开明暗关系。

（2）用TouchCG7、TouchBG5、TouchCG4调整画面的影子与过渡色，然后用Touch36表现受光源影响的暖色调瓦板。

（3）用TouchCG7强调文化石瓦板的影子，表现出文化石的前后空间关系，然后用提白笔表现出屋顶瓦片的高光，使画面明暗对比更加强烈。

琉璃瓦上色

WG1	36
93	CG2
97	WG2
BG5	92
WG8	

（1）用TouchWG1给琉璃瓦铺一层底色，降低明度，然后用Touch36、Touch97、TouchWG2、Touch92表现出琉璃瓦的固有色、墙体木材的色调与窗户的深色调，整体拉开明暗关系。

（2）用Touch93、TouchCG2、TouchBG5整体调整画面的过渡层次。

（3）用TouchWG8加深屋檐的明暗转折，并用提白笔表现出反光与高光，增强画面的视觉效果。

青瓦上色

43	51
103	47
CG4	46
59	CG2
120	92
CG5	

（1）用Touch59与Touch47表现出植物的亮色，然后用TouchCG2、Touch103表现出青瓦屋顶与木材柱子的底色。

（2）用Touch92和TouchCG4加强亭子屋顶的瓦片与柱子的暗部色调，然后用Touch46、Touch43、TouchCG5加强植物的塑造，拉开近景远景植物的空间关系。

（3）用Touch51、Touch120绘制出植物与亭子暗部的深层次色调，并运用提白笔塑造出高光，使画面明暗对比效果更强。

沥青瓦上色

103	CG2
CG4	CG1
42	BG3
CG5	47
WG7	

（1）用TouchCG2与TouchBG3绘制出沥青瓦片与柱子的第一遍颜色，然后运用Touch42、Touch103、Touch47绘制出建筑墙面的不同色调，为整体画面奠定基调。

（2）用TouchCG4、TouchCG1、TouchCG5整体调整画面的过渡色，让画面过渡更加自然。

（3）用TouchWG7加强屋檐的转折，然后用提白笔提出沥青瓦片的高光，塑造光感。

金属瓦上色

CG7	WG7
BG5	CG5
62	120
BG3	WG2
CG4	

（1）用TouchBG3、TouchWG2、TouchBG5表现出屋顶金属瓦的亮色、墙面的颜色和窗户的色调。

（2）用TouchCG5、TouchCG4表现出屋顶金属瓦与墙面的明暗转折关系，然后用Touch62、Touch120加强窗户的暗部色调。

（3）用TouchCG7、TouchWG7整体调整画面，然后用提白笔塑造出画面的高光与反光，使画面明暗对比更强烈。

第13天 配景马克笔上色

一 植物与石头配景上色

1.普通乔木上色表现

| 48 | WG2 | 46 | WG5 | 43 | 51 | 120 |

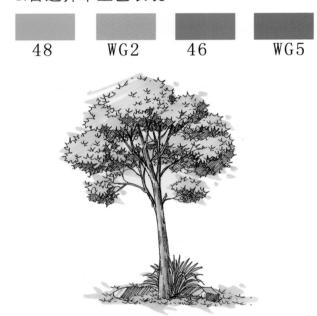

（1）用Touch48绘制出普通乔木的亮部色调，注意第一遍颜色快速铺满，然后用TouchWG2绘制出树干的第一遍颜色，为画面奠定基调。

（2）用Touch46绘制出乔木树冠与地被植物的固有色，然后用TouchWG5加强树干的暗部刻画。

（3）用Touch43、Touch51绘制出树冠的暗部层次，统一画面的节奏。

（4）用Touch120调整暗部深层次，然后用提白笔绘画出乔木的亮部高光，塑造乔木的体积感。

2.特殊乔木上色表现

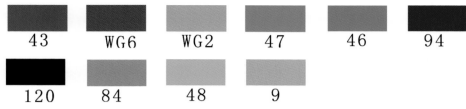

| 43 | WG6 | WG2 | 47 | 46 | 94 |
| 120 | 84 | 48 | 9 |

（1）用Touch48、Touch47绘制出椰子树的叶片颜色，然后运用Touch9、Touch84绘制出地被花卉的色调，接着运用TouchWG2绘制出树干的浅色与石头的色调。

（2）用Touch46丰富植物叶片的颜色，然后用Touch94绘制出与树干交接处的枯枝叶片的色调。

（3）用Touch43、Touch120绘制出地被、椰子树的叶片，以及树干的暗部层次。

（4）用TouchWG6加深石头的明暗转折，然后用提白笔局部提白，塑造光感。

3.灌木上色表现

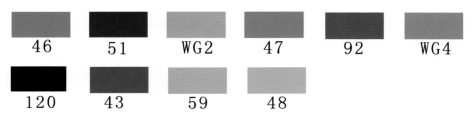

46	51	WG2	47	92	WG4
120	43	59	48		

（1）用Touch59整体绘制出灌木的第一遍色调，然后用Touch48绘制出地被植物的亮色，接着用TouchWG2绘制出石头的整体亮色。

（2）用Touch47、Touch43、Touch92绘制出灌木的固有色、暗部色调、树干的颜色，然后用TouchWG4绘制出石头的背光面。

（3）灌木树冠用Touch46进一步完善与丰富，然后用Touch51加强暗部深浅层次的表现。

（4）用Touch120局部调整画面的明暗关系，然后用高光笔局部提出高光，增强整体画面的明暗对比。

4.置石上色表现

92	WG4	WG2	47	43	51
120	84	48	9	81	WG7

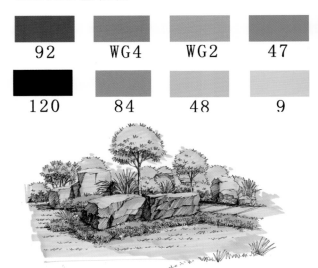

（1）用Touch48、Touch9绘制出植物的第一遍亮色调，然后用TouchWG2绘制出置石的整体亮色。

（2）用Touch47、Touch43和Touch51绘制出绿色植物的固有色与暗部色调，然后用Touch84绘制出地被花卉的暗部色调，接着用TouchWG4加强置石的被光面，拉开明暗关系，最后用Touch92绘制出植物树干的色调。

（3）用Touch120加深暗部层次，然后用TouchWG4、TouchWG7进一步完善置石的刻画，接着用Touch81塑造花卉的暗部深色调。

（4）整体调整画面，用提白笔塑造出画面的高光，使画面明暗对比强烈。

二 门窗和地板上色

1.门窗上色表现

中式门窗上色

| 97 | 92 | 185 | 76 | 69 | 48 | 43 |

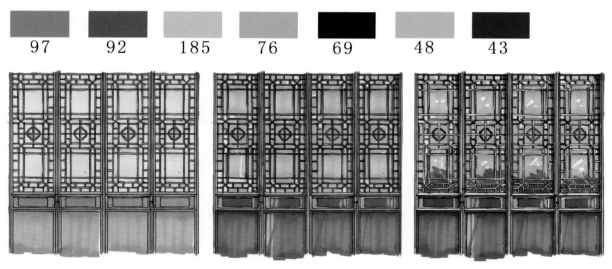

（1）用Touch97、Touch185绘制出中式门窗木材质和透明窗户玻璃的亮色调。

（2）用Touch92加强木材质的深色调的表现，然后用Touch76、Touch69绘制出玻璃的固有色与暗部色调。

（3）用Touch48、Touch43概括性地表现出窗外的绿色植物。

现代木质门上色

| 97 | 93 | 92 |

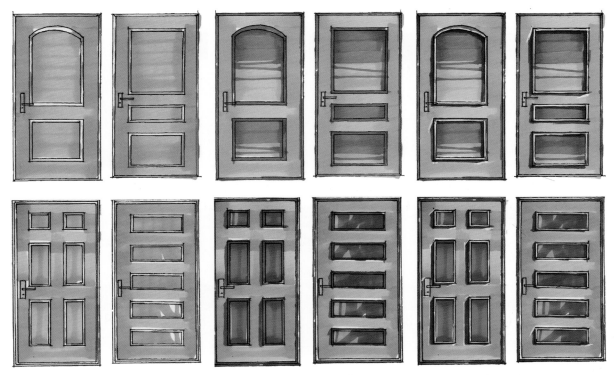

（1）用Touch97绘制出木材质门的亮色调。

（2）用Touch93绘制出木质门的固有色。

（3）用Touch92绘制出木质门细部棱角的影子，丰富门的细节。

欧式窗户上色

| CG2 | CG6 | 76 | 62 | 69 | 43 | 433 | 452 |

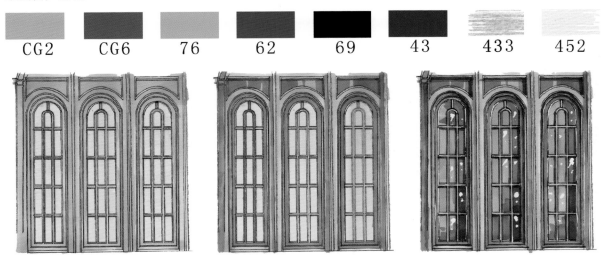

（1）用TouchCG2整体绘制出窗框的第一遍色调。

（2）用TouchCG6加强窗框的暗部投影绘制，拉开窗框的明暗与空间关系。

（3）用Touch76、Touch62、Touch69表现出玻璃窗户的基本色调，然后用Touch43与彩铅colours433、colours452完善玻璃窗户的环境色，接着用提白笔表现出玻璃材质上的高光与反光。

普通窗户上色

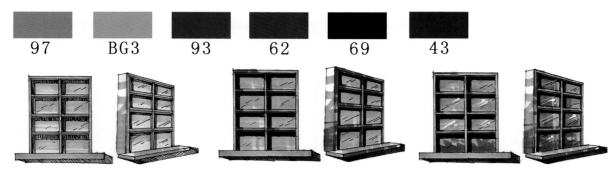

| 97 | BG3 | 93 | 62 | 69 | 43 |

（1）用Touch97绘制出木质窗框的亮色调，然后用TouchBG3绘制出玻璃材质。

（2）用Touch93加强窗框的深色调，然后用Touch62、Touch69绘制玻璃材质的深层次。

（3）用Touch43绘制出玻璃材质的环境色，并用提白笔提出高光，完善画面的绘制。

弧形窗户上色

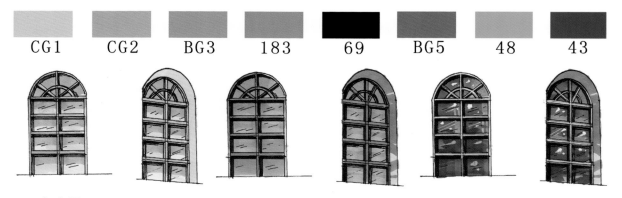

| CG1 | CG2 | BG3 | 183 | 69 | BG5 | 48 | 43 |

（1）用TouchCG1、TouchCG2、TouchBG3绘制出窗框与玻璃材质的第一遍色调。

（2）用Touch183、TouchBG5、Touch69绘制出窗框与玻璃材质的深色调。

（3）用Touch48、Touch43刻画出窗外的绿色植物，并用提白笔表现出高光，完善画面的刻画。

2.地板上色表现

室外地板上色

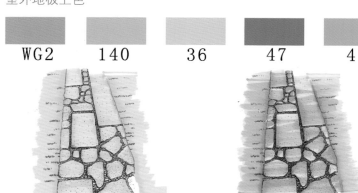

| WG2 | 140 | 36 | 47 | 48 |

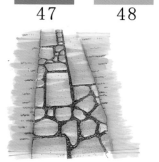

（1）用Touch36、Touch48绘制出地板与草地的亮色调。

（2）用Touch47绘制出草地的固有色，然后用TouchWG2加强地板固有色的刻画。

（3）用Touch140丰富地板的色调，草地用绿色彩铅过渡，然后用提白笔局部提白，加强画面的明暗对比关系。

条形石材地板上色

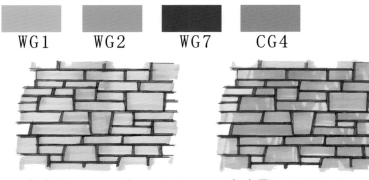

WG1   WG2   WG7   CG4

（1）用TouchWG1和TouchCG4
表现出条形石材地板的亮部色调与
石材之间的缝隙。

（2）用TouchWG2、TouchWG7
过渡画面，加深石材缝隙的深色调。

（3）整体调整画面，用高光笔
提出条形石地板的高光，拉开画面
的明暗关系。

不同石材碎拼地板上色

WG1   36   CG2   BG3   120   434   WG2

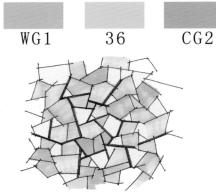
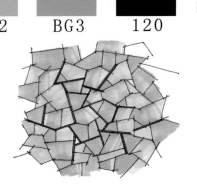
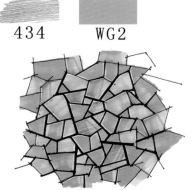

（1）用TouchWG1、Touch36和
TouchCG2整体绘制出碎拼石材的不
同冷暖亮色调。

（2）用TouchBG3、TouchWG2加强
画面不同冷暖石材的塑造，注意颜色叠
加不要过多，避免出现脏、腻的效果。

（3）用Touch120加强碎拼石材
的缝隙，然后用colours434局部丰富
碎拼石材地板的色调，完善画面。

青石碎拼地板上色

CG1   CG2   CG4   GG5   CG5

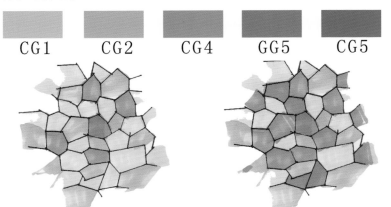
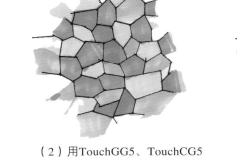

（1）用TouchCG1、TouchCG2
和TouchCG4绘制出青石地板的不同
深浅层次。

（2）用TouchGG5、TouchCG5
丰富深色调，注意将深色调尽量间
隔开，让画面出现不同的层次感。

（3）用提白笔局部提白，塑造
光感，完成绘画。

陶土砖地板上色

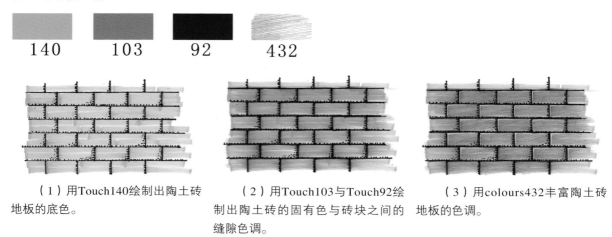

140　　103　　92　　432

（1）用Touch140绘制出陶土砖地板的底色。

（2）用Touch103与Touch92绘制出陶土砖的固有色与砖块之间的缝隙色调。

（3）用colours432丰富陶土砖地板的色调。

三 墙面、水面与天空上色

1.墙面作品呈现

　　建筑手绘当中的墙面材质，除了一些特殊的材料外，基本上与地面铺装的材质差不多，绘制方法也基本相同，在此以成品的形式展现给大家。墙面材质有很多种，较为常用的有大理石、文化石、蘑菇石、砖类、玻璃幕墙等。

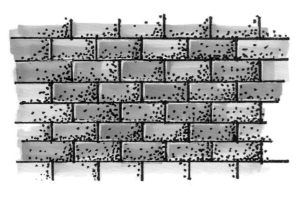

2.水面与天空上色表现

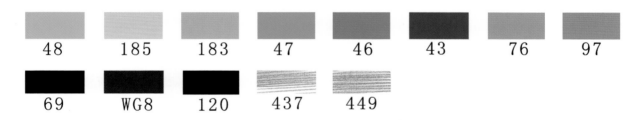

| 48 | 185 | 183 | 47 | 46 | 43 | 76 | 97 |

| 69 | WG8 | 120 | 437 | 449 |

（1）用Touch48、Touch185绘制出植物与水景的亮部色调。

（2）用Touch183、Touch76绘制出水景的固有色，然后用Touch47、Touch46和Touch43绘制出绿色植物的明暗关系，并强调水景当中绿色植物的映射，接着用Touch97绘制出植物树干的色调，最后用Touch185绘制出天空的色调。

（3）用Touch69加强水面暗部的色调，然后用TouchWG8加强水池的暗部及影子，接着用Touch120整体调整画面的暗部，最后用提白笔表现出喷泉、涌泉、跌水、水面及植物的高光。

（4）最后着重表现天空，用colours437、colours449丰富天空的色调，完善水面与天空的绘画。

07

马克笔空间表现技法

SUN	MON	TUE	WED	THU	FRI	SAT
~~1~~	~~2~~	~~3~~	~~4~~	~~5~~	~~6~~	~~7~~
~~8~~	~~9~~	~~10~~	~~11~~	~~12~~	~~13~~	14
15	16	17	18	19	20	21

22	23	24	25	26	27	28

⏱ 项目实践 ⋀

第14天　后现代住宅建筑表现

后现代住宅建筑，以简洁的造型和线条塑造鲜明的建筑表情。后现代主义建筑的代表人物提倡新的建筑美学原则，包括：表现手法和建造手段的统一；建筑形体和内部功能的配合；建筑形象的逻辑性；灵活均衡的非对称构图；简洁的处理手法和纯净的体形；在建筑艺术中吸取视觉艺术的新成果。

主要用色

25	26	36	45	46	48	56	59	75	76	95
104	120	WG1	WG2	WG4	WG6	WG9	BG1	BG3	BG5	CG5

深青色　深蓝色　紫色

手绘成品

（1）根据两点透视关系整体构图，用直线定出现代建筑的最高点和最低点，把握建筑整体关系。【用时6分钟】

透视分析图。

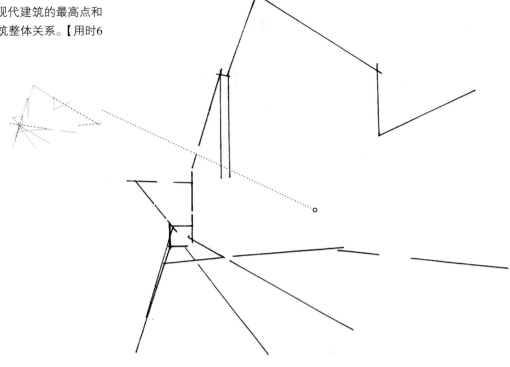

（2）细化整个建筑结构，可以运用几何形体的概念将建筑概括为3大块，建筑的第1层为一个方体，第2层为一前一后两个方体，然后简单绘出左侧植物。【用时12分钟】

用植物树冠的轮廓简单表达植物与建筑的周边关系。

树形一般有多种绘画形式，不同植物的远近不同画法也不同，这里是用锯齿形的抖线、斜线结合绘制，方向、形状都要有变化，避免树形呆板。

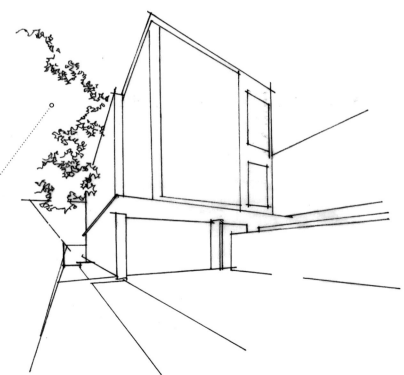

（3）绘制出建筑的基本明暗关系及建筑钢网幕墙的整体结构关系。【用时25分钟】

建筑钢网幕墙是整个建筑体最出彩的部分，钢网层状用波浪线表现，一定要细致刻画。

通过屋内家具及楼梯方向的细节刻画，体现建筑空间感。

注意水纹及木纹平台倒影的细节刻画，运用直线排线，以渐变的方法细致刻画。

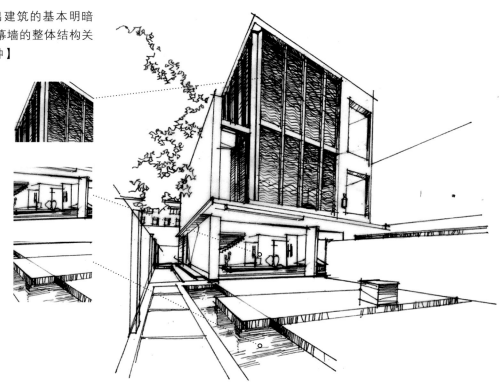

（4）细致刻画出前景植物，调整整个画面的细节，使整个画面在统一中有所变化。【用时20分钟】

远景植物要加强纹路、枝叶、明暗的对比。

上方植物投向地面的投影可以用排线的方式表现，注意投影的面积和透视关系。

对于前景的植物和花草要细致刻画，画出植物的品种、分类，表现出生机勃勃的感觉。

（5）先用马克笔画出建筑、钢网幕墙、植物等的第一遍颜色，确定大色调。【用时3分钟】

建筑墙体：my colorWG2（本书中所有的my color马克笔均是指my color2，为了便于马克笔色号的分辨）。

钢丝网幕墙：Touch75、TouchBG3、TouchBG5。

植物：Touch59。

注意前景植物不一定要用同一种绿色涂满，要为植物色彩留有变化空间。

（6）画出整个画面中不同元素的固有色，为亮面部分适当留白。【用时8分钟】

水面：Touch75、Touch76。

木平台：my color25、my color26、my color95、my color104、my color120、my colorWG6、my colorWG9。

地面阴影：my colorWG1、my colorWG2、my color WG4、my color BG1。

（7）画出整个建筑细节，结合水溶性彩铅加强、丰富画面色彩。【用时6分钟】

钢丝网幕墙用浅蓝和深蓝色彩铅结合Touch75、TouchCG5马克笔画出钢丝网幕墙细节。

室内采用柔光的方式表现，用Touch36、my color45、my color48画出细节，增强进深感。

my color 45、my color 46、my color 56细化前景及左侧植物细节部分。

（8）用彩铅画出天空，用白色涂改液画出画面的高光部分，然后调整整个画面，必须做到中心点突出，明暗关系明确。【用时9分钟】

白色涂改液既有点缀植物高光的作用，运用巧妙，又有加强画面细节的作用，切记不要大面积涂白。

天空用浅蓝和紫色水溶性彩铅以排线的方式描绘，然后用小毛笔蘸水稀释，既自然又美观。

第15天 新中式建筑表现

新中式建筑通过现代材料和手法改变了传统建筑中的各个元素，并在此基础上进行必要的演化，外貌上看不到传统建筑的原来模样，但整体风格仍然保留着中式住宅的神韵和精髓。空间结构上有意遵循传统住宅的布局格式，延续了传统住宅一贯采用的覆瓦坡屋顶，但不循章守旧，而是根据各地特色吸收了当地的建筑色彩及建筑风格，自成特色。

主要用色

1	17	25	26	46	47	48	55	59
120	141	185	CG1	CG2	CG4	CG6	GG1	GG3
GG7	GG9	WG1	WG2	WG3	WG4	WG6	深蓝色	紫色

手绘成品

胡捕 2016.3

（1）找准两点透视，简单勾勒出建筑轮廓，注意把握建筑整体关系。【用时8分钟】

透视分析。

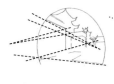

注意窗景的刻画。

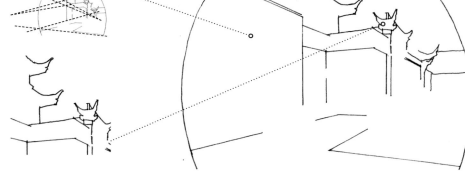

（2）细化建筑结构，简单绘出植物和景观石。【用时12分钟】

中式建筑屋顶、窗、瓦及外形的形状刻画要细致大方，层次分明，直线较多时可用直尺绘制。

注意抱鼓石的透视及外形刻画。

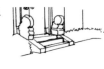

勾出植物和景观石的轮廓。

（3）细化整体建筑结构变化，绘出建筑基本的明暗关系及建筑屋顶整体的结构关系。【用时25分钟】

屋顶暗面要细致刻画，分出明暗、层次。根据屋顶形状，用直线和弧线表现。

屋面小青瓦的形状、层次刻画要细致入微。

（4）细化前景植物和景观石，然后调整画面的细节，使整个画面统一中有所变化。【用时20分钟】

注意屋顶、屋面、屋脊的细节和明暗关系处理。

画出中式大门门铃、形状、明暗、抱鼓石等的进深感，增加层次。

（5）用马克笔画出屋顶、围墙、大门、地面等的第一遍颜色，确定大色调。【用时3分钟】

屋顶：TouchWG2、TouchWG4。

墙面：TouchGG3。

大门、抱鼓石：TouchWG1。

（6）画出画面中不同元素的固有色。亮面部分适当留白。【用时8分钟】

门框：Touch26、TouchGG9、Touch120。

墙面：TouchCG1、TouchCG2、TouchCG4、TouchGG1、TouchGG3、TouchWG1、

植物：Touch59。

（7）绘制出植物和景观石的颜色，然后丰富草地、花坛植物的色彩。【用时6分钟】

用TouchWG3和TouchWG6画出景观石的颜色。

用Touch47、Touch55、Touch59绘制墙外植物颜色。

前景植物颜色：Touch17、TouchGG7。

用Touch46、Touch47、Touch48、Touch141、TouchGG7丰富花坛植物颜色，画出细节，增加立体感。

（8）用Touch185和TouchCG6进一步丰富画面色彩，用彩铅绘出天空，然后用白色涂改液画出画面的高光部分，调整整个画面。【用时9分钟】

天空用浅蓝和紫色水溶性彩铅以排线的方法描绘，然后用水稀释。

用白色涂改液点缀植物高光，切记不要大面积涂白。

第16天 商业综合体表现

商业综合体是多个使用功能不同的建筑空间组合而成的建筑群，将城市中商业、办公、居住、旅店、展览、餐饮、会议、文娱等城市生活空间的三项以上功能进行组合，并在各部分间建立一种相互依存、相互裨益的能动关系，从而形成一个多功能、高效率、复杂而统一的综合体，其合理性在于节约用地、缩短交通距离、提高工作效率、发挥投资效益等。

主要用色

14	22	25	26	34	36	45	46	47	48	52
54	55	56	59	84	88	120	124	185	BG1	BG3
BG5	BG7	BG9	WG2	WG3	WG5	WG6	黄色	浅蓝色	深蓝色	紫色

手绘成品

（1）确定建筑的外轮廓和道路走向，把握好透视关系。【用时10分钟】

画面多用硬直线表现，直线交叉处尽量出头，表现建筑的硬朗感，直线的走向要注意透视关系。绘制时保持手腕不动，通过手臂的快速摆动来绘制直线。

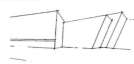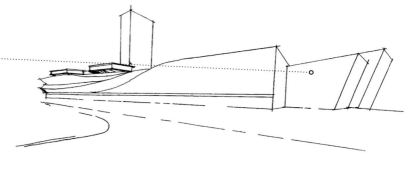

确定画面最高点，绘制过程中注意画面干净利落，线条流畅。

简单的弧线和直线表达出道路的关系及走向。

（2）细化主体建筑，并绘制出远景植物的外轮廓和远景人物。【用时15分钟】

建筑表面线条为大量工整直线，要细致刻画，始终注意把握好透视关系。

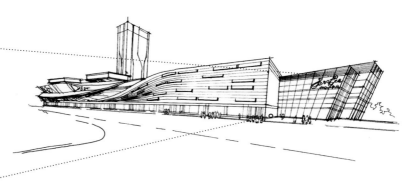

对于远景人物的刻画要把握好与建筑的比例，用简单的线条勾出基本轮廓，抽象概括即可，但是要有区分，体现出不同的着装、性别和形态。

建筑暗部要根据建筑的轮廓、外貌细致刻画，注意暗部留白。

（3）绘制前景植物，增加中景人物及车辆，使画面达到平衡。【用时8分钟】

用抖线画出前景植物外轮廓，轮廓线条要有变化。画出植物暗部。

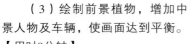

中景人物和远景人物要有大小区分，注意近大远小。车辆也是一样。

（4）整体调整画面，深入刻画，添加画面细节，加入前面人物、远景植物，细化建筑暗部。【用时15分钟】

作为配景，前景人物只需画出外轮廓，但也要注意近实远虚的关系，塑造空间感。

对建筑暗部进行细致刻画，增加层次感，突出主体建筑。

空中加入飞鸟，飞鸟大小、形态要有变化，增加空间感。飞鸟能活跃场景氛围。

注意画面的虚实关系，远景建筑只需勾出外轮廓，不要细致刻画。

进一步完善前景和远景植物，着重刻画暗部，但也不用太细，以免喧宾夺主，简单的线条画出花坛立体感。

（5）用马克笔画出主体建筑和植物的第一遍颜色，注意留白，同一颜色也能画出深浅不一的色彩。【用时3分钟】

建筑：Touch185、TouchBG3。

植物：Touch55。

（6）画出建筑主体上多种不同颜色物体的固有色，以及玻璃反光的主色，然后画出地面和远景植物的第一遍颜色。【用时5分钟】

玻璃反光主色：Touch36。

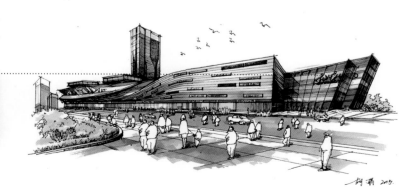

道路：Touch26、TouchWG2。

人行道：TouchBG1、TouchBG3、TouchBG5。

（7）丰富画面颜色，加强建筑主体的暗部刻画，然后画出部分人物服装颜色和阴影，丰富植物色彩。【用时5分钟】

用Touch14、Touch22、Touch25、Touch26、Touch34、Touch48、Touch84和Touch88丰富建筑的细节。

植物用Touch45、Touch46、Touch47、Touch52、Touch54、Touch56、Touch59、Touch124进行刻画，前景植物色彩丰富，远景植物颜色用色单一。

建筑主体暗部用Touch120、TouchBG5、TouchBG7刻画，暗部不能用单一的颜色，且暗部要留白。

根据光照用TouchBG7、TouchBG9画出部分人物投影，注意近大远小的关系。

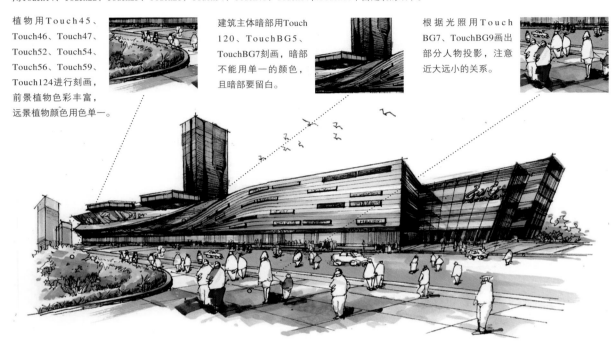

（8）用TouchWG3、TouchWG5、TouchWG6马克笔结合黄色彩铅完善画面，加强人物、地面、投影刻画，把握整体色调、层次，丰富整体颜色，远景建筑用简单的颜色概括。【用时10分钟】

亮面用白色涂改液提高光，增强光感，增加层次感。

天空用浅蓝色和紫色彩铅加水进行刻画，注意颜色深浅和留白，不能太死板。

近处人物服装颜色比较鲜亮，相对远处人物色彩更丰富。

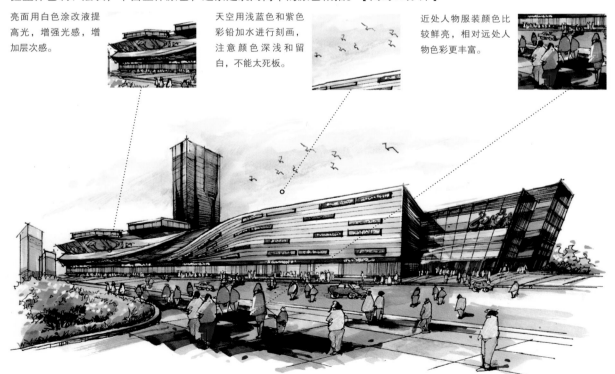

第17天 欧式建筑表现

欧式建筑是一个统称,主要是指运用现代技术材料制作出古典的形式,有一些特定的代表,如喷泉、罗马柱、雕塑、尖塔、八角房等都是欧式建筑的典型标志。建筑整体吸取了"欧陆风格"的一些元素,在色彩搭配和装饰上相对简化,追求一种轻松、清新、典雅的视觉效果。将欧式古典主义艺术精髓和现代建筑的简约格调巧妙融合,为现代都市生活注入一个新的理念,成就现代人居生活之美。

主要用色

1	17	25	26	46	47	48	55	59	120	141

185	CG2	GG1	GG3	GG7	GG9	WG1	WG2	WG3	WG4	WG6

手绘成品

（1）根据两点透视关系控制好最高点与最低点，勾勒出建筑外形轮廓，然后画出地平线，注意透视关系的处理。【用时8分钟】

线条交叉处尽量出头，这样画面不显死板。

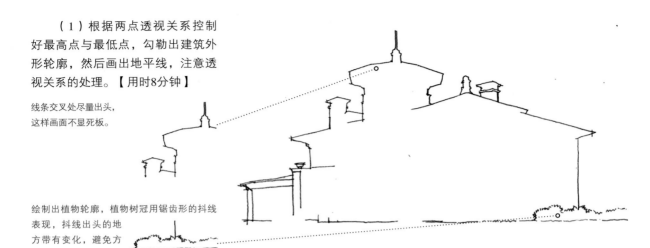

绘制出植物轮廓，植物树冠用锯齿形的抖线表现，抖线出头的地方带有变化，避免方向、大小一致。

地平线刻画时留出植物、人物等配景的位置。

（2）绘出建筑的主要分割线，细化建筑结构。【用时12分钟】

从屋顶向下画出简单结构及细节，交代好物体构造关系。

主要线条连接注意断开，避免出现黑点，影响线条美观。

注意欧式建筑窗的处理为圆拱状。注意近大远小的透视关系。

（3）细化整体建筑结构，绘出建筑基本的明暗关系及建筑屋顶整体的结构关系。【用时25分钟】

屋顶暗面细致刻画，分出明暗、层次。根据屋顶形状，用直线和弧线表现。

强调建筑入口，仔细观察绘制出复杂的转折关系。

刻画出建筑窗户的细部结构，注意不同的透视和变化。

（4）细化前景植物、建筑墙面，加入人物配景，然后调整整个画面的细节，加强暗部刻画，增强明暗关系，使整个画面统一中有所变化。【用时20分钟】

墙面砖块细致刻画，体现出建筑质感。

注意屋顶、屋面、屋脊的细节和明暗关系处理。暗部用斜排线方式表现，注意线条疏密，暗部应局部留白，做到画面有反光，暗部透气。

远景的植物要把握好前后关系，用不同的线条区分不同的植物，用抖线绘制出树冠轮廓，注意树干的穿插。

绘制出前景植物和道路，把握好透视关系。

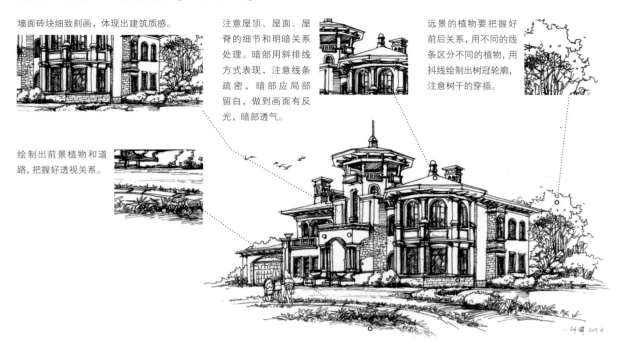

（5）用马克笔画出建筑墙面和植物的固有色，确定大的色调。【用时8分钟】

窗户：Touch185。

植物：Touch59。

建筑屋顶用Touch 26画出固有色，用色不能太深，也不能全部涂满。

用Touch1、Touch25、Touch26、TouchWG6画出屋顶及暗部的固有色，注意不能涂满，使画面暗部透气。

用TouchGG7和TouchGG9画出外墙暗部的颜色。

（6）完善建筑屋顶、外墙、窗户、水面、植物、人物等颜色，确定画面的整体色调，然后用TouchGG9画出屋顶的颜色，接着用Touch48和Touch141画出人物衣服的颜色，水面用深蓝色彩铅画出第一遍色彩，植物用Touch46、Touch47、Touch59丰富颜色。【用时25分钟】

用Touch17、Touch25、Touch26、TouchWG1、TouchWG2、TouchWG3、TouchWG4及紫色彩铅完善左边建筑的亮部和暗部色调。

窗户用Touch120、Touch185、TouchCG2、TouchGG1、TouchGG3加强亮部及暗部描绘，增加层次感。

（7）用TouchWG3、TouchWG4和紫色彩铅丰富建筑墙面颜色，然后用蓝色彩铅丰富窗户色彩，植物用Touch46、Touch47、Touch55、Touch59、Touch185完善，接着用TouchGG9绘制屋顶，建筑暗部用TouchGG7加深。【用时20分钟】

虽然植物的整体色调是绿色，但在绘制时应该用多种不同的颜色表现，才能使画面丰富多彩，有层次感。

（8）天空用深蓝色、紫色彩铅绘制，然后用紫色、浅青色彩铅完善水面色彩，远景植物用Touch46、Touch48、Touch55、Touch59绘制，中景植物用Touch47点缀，道路用TouchWG3和黄色彩铅完善色彩，建筑和植物亮面用金黄色彩铅和修正液提出高光。【用时30分钟】

天空用彩铅绘制后用笔蘸水涂开，使色彩融合，过渡更自然。

窗户用修正液提高光后增加了光感，玻璃的质感也更强。

把握虚实关系，远景植物与前景植物相比，颜色相对单一。

建筑两面提高光后使画面更明快，明暗分明。

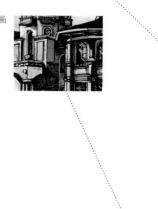

第18天 异形建筑表现

异形建筑外形独特,建筑结构复杂,超越了我们的美感经验,颠覆了我们对日常生活的想象。

主要用色

1	2	14	15	25	26	46	47	50	54	55

59	76	83	185	CG2	CG3	CG6	WG1	WG2	WG3	WG4

WG5	淡黄色	深青色	深蓝色	紫色

手绘成品

（1）整体布局，绘制出建筑的基本外形，把握好透视关系，勾勒出树木的外形轮廓。【用时8分钟】

通过树木近大远小的对比关系，以及道路的
延伸与渐变，体现出画面的透视关系。

树木的树冠轮廓用锯
齿形的线条表现，线条
要有变化，避免死板。

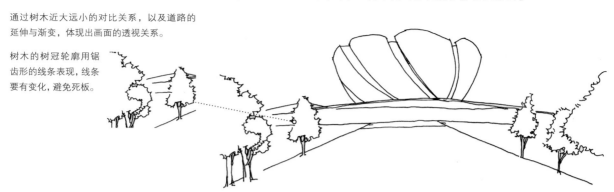

（2）细化建筑结构，简单绘制地面线条，加强建筑与树木的明暗关系。【用时15分钟】

根据建筑走向，表面
用弧形线条的疏密体
现明暗关系。体块侧
面用横向线条，体现
出建筑的立体感。

地面铺装先用横向线
条概括，要符合整体透
视关系，注意近大远小
和虚实变化。人物配景
的位置要预留出来。

雨棚属于暗部，刻画时要仔细，注意暗部留白。

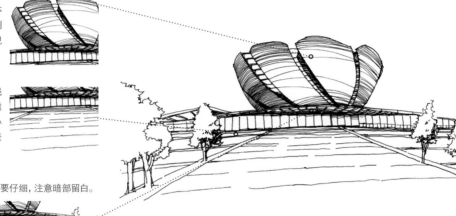

（3）完善前景植物和路面刻画，然后加入人物配景，使画面具有整体感。【用时15分钟】

加强前景植物暗部的
刻画，使树木具有立
体感。

对于人物配景的刻画要
始终把握好透视关系，
用简单的笔画概括描
绘，形态要富有变化。
通过人物投影的刻画
可以看出光照方向。

地面的铺装要符合画面的整体透
视，概括表
现即可，同时要注意近大远小的透视变化，
及铺装线条的虚实关系。

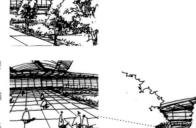

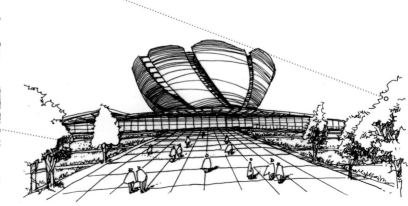

（4）整体调整画面，绘制出天空的飞鸟，并细致刻画整个画面的暗部及阴影。【用时10分钟】

加强前景植物和道路的刻画，尤其需要注意暗部。

绘制不同形状、高低、大小的飞鸟，不同的形状体现出飞鸟不同的飞行姿势，飞鸟的高低、大小体现出空间感，也使画面更丰富。

增加人物配景，使画面更丰富，层次感更强。

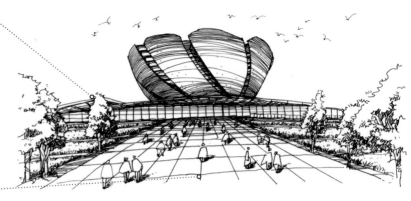

（5）画出建筑主体和地面植物的第一遍色调，建筑主体用Touch185和TouchWG2绘制，草地用Touch59绘制。【用时8分钟】

绘制建筑主体颜色时注意高光部位留白，根据建筑外形进行上色，注意不要拖泥带水。

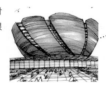

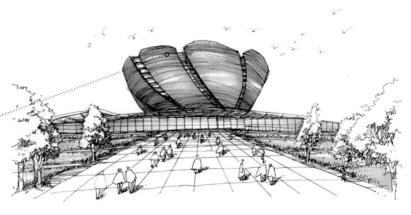

（6）用Touch59、Touch76、TouchCG2、TouchCG3、TouchCG6、TouchWG1和TouchWG3绘制出建筑主体的第二遍颜色，建筑暗部用Touch83刻画，树木用Touch46、Touch47、Touch50、Touch54和Touch55大体区分亮部和暗部，部分人物用Touch2描绘，地面用TouchWG3绘制第一遍色。【用时15分钟】

建筑表面的蓝色要有变化，用笔要流畅，表现出玻璃的通透感。

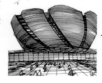

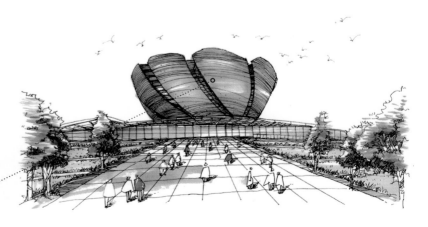

植物用跳跃式的点画法表现，适当留白。

（7）用Touch25和Touch26丰富建筑底部颜色，并用Touch14绘制建筑暗部反光，然后用Touch47丰富草地色彩，接着用TouchWG2、TouchWG4、TouchWG5和TouchCG6绘制地面阴影。【用时15分钟】

在对地面上色时可以用同一色调的不同颜色进行表现，不要大面积用一个颜色，适当留白，这样才能使画面富有层次感。

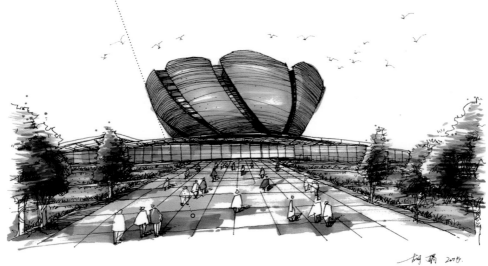

（8）进一步丰富画面的整体色彩，天空用深蓝色、深青色和紫色彩铅绘制，人物用Touch15、Touch37、Touch46和Touch83刻画，然后用修正液提亮高光部分，使画面光感更强。

人物用鲜艳的颜色表现，便于提亮空间效果，使画面进深感更强。

玻璃幕墙用淡黄色彩铅结合TouchWG2和TouchWG5刻画，丰富的色彩可以体现出玻璃的反光性和通透性，画面显得生动、多彩。

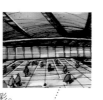

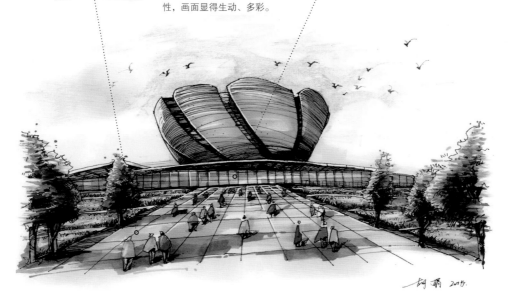

第19天 城堡式建筑表现

城堡式建筑结构复杂，有多个屋顶，尖塔高耸，高低起伏，塔的正面开设可以欣赏周围风景的窗户。在内院出现了较低的拱廊和经过雕刻的扶墙以及楼梯，在设计中还会利用十字拱、飞券、修长的立柱，以及新的框架结构来增加支撑顶部的力量。

主要用色

25	26	46	47	50	51	53	54	55	59	64

76	94	99	141	185	CG2	CG3	GG3	WG1	WG2	WG3

WG4	WG6	淡黄色	黄色	浅蓝色	蓝色	紫色	深紫色

手绘成品

（1）简单画出建筑的整体外轮廓线，确定建筑的最高点和最低点以及基本的分层情况。注意把握好整体的透视关系。【用时3分钟】

画面为两点透视，在绘制时始终要把握好透视关系。

建筑外轮廓绘制时不能一笔到头，要断开，预留出后续细节的位置。

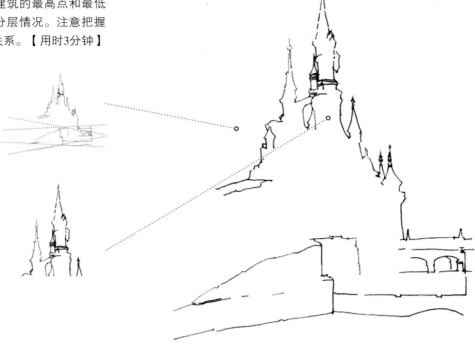

（2）由上至下细化建筑主体结构，仔细处理每个顶的高差关系和前后关系。用笔技巧：用0.8号勾边，画出主轮廓；用0.5号画出局部细节及层次；用0.3号画出花纹样式等。【用时8分钟】

圆锥形屋顶用轻松的线条绘制，处理好多个顶前与后、大与小、高与矮的对比。注意圆锥体屋顶和圆柱体建筑衔接部分的刻画。

注意城堡的结构线以及面与面的衔接关系，把握好多个面的透视关系，屋顶与屋面的衔接关系。多线条刻画体现出立体感，画出窗户的位置和大小，注意近大远小的关系。

（3）重点刻画山体、桥梁和水面，简单刻画阴影部位，画出植物外轮廓，形成一副完整的画面。【用时10分钟】

山体表面用自由流程的线条分出层次。

建筑暗部用长短、疏密不一的排线进行刻画，既能体现出多种层次感，也能体现出材质质感。

水面倒影要根据投影物体细致刻画，植物倒影用一组组的短排线绘制，拱桥的倒影依据拱形细致刻画。

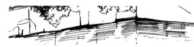

（4）完善整个画面，细致刻画主体建筑，着重刻画暗部，然后调整整个画面，把握好画面的虚实关系。【用时15分钟】

多个屋顶暗部要仔细刻画，变化中求统一。

前景植物要细致刻画，远景植物简单勾勒即可，不同植物表现手法不一，用线要流畅，注意透视关系和疏密变化。

（5）找出建筑本身的固有色，用Touch25画出建筑本身的固有色，然后用TouchWG2和TouchWG3画出崖壁、石头的暗部，接着用Touch59画出草坡的颜色。为体现画面光感，在上色时适当留白。【用时5分钟】

用Touch25和TouchWG2区分开建筑色彩和大致的明暗关系，要做到对比与协调。

草地色彩切忌死板，用色时不能满笔铺开或是铺满，要注意明暗、前后关系的变化，亮面适当留白。

（6）用Touch76绘制蓝色屋顶，亮部用Touch186绘制，建筑外墙面用Touch25、Touch26、TouchWG1和TouchWG4再次加深明暗关系，城堡的暗面用TouchGG3和TouchWG3表现，小桥用Touch99画出木栏杆颜色，然后用淡黄色彩铅画出桥身，接着用Touch46画出周围植物的第一遍颜色，水面用Touch185表现。【用时8分钟】

草坡用Touch47、Touch54、Touch55和Touch59丰富色彩层次感。

注意，在绘制植物第一遍色时不能太浓烈，初学者最好画得淡雅些，后期比较容易把握。

（7）完善建筑主体颜色，建筑亮面用TouchCG2和TouchCG3结合黄色彩铅刻画，暗部用紫色彩铅刻画。远景植物用Touch50和Touch59绘制，水面用Touch54、Touch64、Touch185及浅蓝色、深蓝色彩铅刻画。【用时5分钟】

强调亮面和暗面后，建筑立体感更强，黄色和紫色多处使用，使画面整体感更强。

远景植物颜色用相对较灰的颜色表现，这样可以增强画面的进深感。

水面倒影要根据建筑、植物、桥梁等物体形状刻画，并在投影中加入物体的颜色，切忌整体只用一种简单的色彩。

（8）用Touch47、Touch59和Touch141进一步完善草地颜色，近景植物、桥梁用黄色彩铅刻画亮部，中景及远景植物用Touch51、Touch53、Touch54和Touch55刻画，远处桥梁用TouchWG2绘制，近景桥梁用Touch94绘制，建筑暗部用Touch99和TouchWG6点缀，天空用浅蓝色和紫色水溶性彩铅绘制，最后用修正液给建筑、草地、花卉、桥梁等提高光。【用时8分钟】

在最后调整时发现中景植物第一遍颜色太艳，有点喧宾夺主，所以用较深、较灰的颜色把原色彩覆盖一下。

近处桥梁用鲜艳、丰富的颜色表现，远处的桥梁用相对单一、较灰的颜色表现，体现画面的进深感。

在提高光时不同部位要用不同的手法：草地用面的手法表现；植物用点手法表现，这样可以使画面更生动、更丰富。

第20天 交通建筑表现

交通建筑一般是指高铁车站、火车站、轻轨站、地铁站、机场、轮渡码头、航运中心等。

主要用色

1	92	浅蓝色
14	96	深蓝色
23	120	紫色
25	BG1	2
46	BG5	26
49	CG6	
55	GG3	
59	GG5	
84	WG1	
88	WG2	
	WG4	

手绘成品

（1）先确定好建筑的最高点
和最低点，然后勾勒出建筑的整体
外形轮廓线，并确定它的关键透视
线。【用时10分钟】

注意建筑屋顶高低错落
的分层关系及局部细节
的透视关系。

整个建筑的透视为典型
的两点透视，注意整个
建筑的透视关键线。

结合两点透视，处理好整体建筑和道路的关系。

（2）确定好整体建筑的结构
及分层情况，简单画出它的前景和
后景关系。局部刻画出屋顶时钟及
前景大门的细节。【用时20分钟】

注意最高屋顶的处理形
式，及时钟的细节刻画。

注意前景出站口大门与道路的连接，以及整
个前景空间的把握。

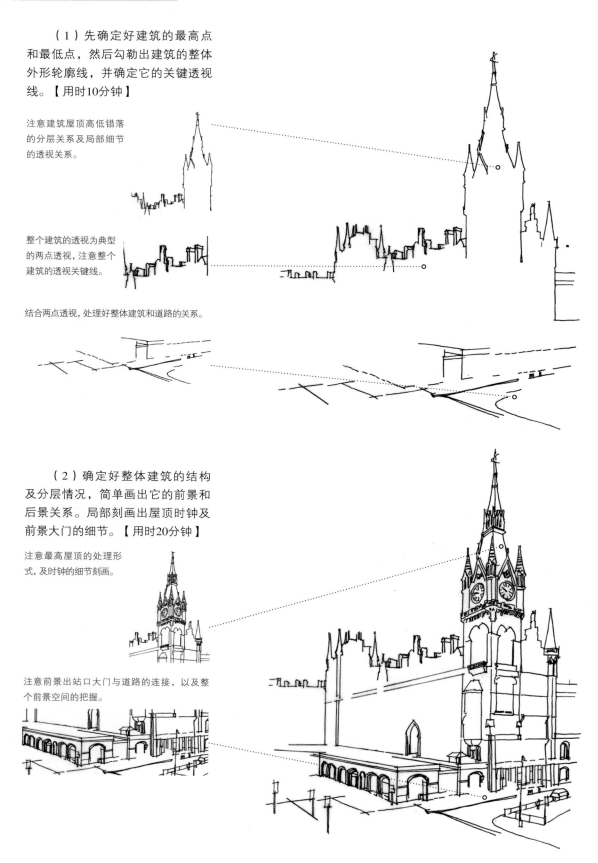

（3）把握好整体空间的划分。开始着手画出整体建筑的细节，包括屋顶、门窗、雨棚、装饰灯等，然后简单处理建筑的部分阴影。【用时25分钟】

在整个建筑中，钟楼的刻画是亮点，也是点睛之笔，所以要注意前景钟楼的细节刻画，做到层次分明，虚实有度。

把握好后面建筑的虚实层次对比，切忌面面俱到，一定要做到虚实有度，把握好与前出入口空间的处理。

（4）绘制出画面的阴影，调整好整个画面的空间效果。然后刻画前面街景的细节，包括道路、行人、车辆、树木、街灯等配景，活跃整个空间的氛围。注意在处理画面细节时，可以用不同的工具来整体把握画面情况。【用时45分钟】

在处理门窗细节时，可以用0.1~0.3mm的针管笔。

在街景的细节处理上，可以用排线的方法绘制，丰富整个画面效果。

（5）注意整体明暗关系，先用my color2、my color26和Touch96把暗面画出来。这3种颜色既是邻近色又各不相同，能够很好地、有变化地表现出建筑暗面的色彩。【用时5分钟】

注意钟楼的明暗对比，颜色要有明显区分。亮面部分可以采用留白的手法处理。

对于街道的地面处理，在前期可以选择颜色比较浅的马克笔铺上第1层底色，再根据光影层次逐步加深颜色。

（6）用my color2、my color26、Touch96、Touch99和Touch1号马克笔结合紫色、青色彩铅，把主体建筑的固有色画出，屋面的固有色用TouchBG1、TouchBG5、TouchGG5进行表现。街道色彩用TouchGG3和TouchBG1绘制。【用时8分钟】

注意钟楼屋顶的颜色明暗变化和对比。强烈的色彩对比可以让视觉冲击力更强。

（7）调整好整个建筑和周边配景的色彩关系，把握好色彩的细微变化，加深暗面与亮面的明暗对比。注意建筑前广场的人物、车辆、植物等色彩关系。【用时10分钟】

植物色彩：Touch25、Touch46、Touch49、Touch55、Touch59。

道路和街景色彩：Touch120、TouchWG1、TouchWG2、TouchWG4、TouchGG3、TouchCG6。

路灯色彩：Touch120和Touch49。

人物色彩：Touch14、Touch23、Touch84、Touch88。

（8）整体调整画面的色彩关系。用深蓝色、浅蓝色和紫色彩铅与水结合，画出天空配景。注意天空一定要有通透感，不能画得太满，也不能画得太死板。【用时5分钟】

08

建筑平面图和立面图手绘表现技法

SUN	MON	TUE	WED	THU	FRI	SAT
~~1~~	~~2~~	~~3~~	~~4~~	~~5~~	~~6~~	~~7~~
~~8~~	~~9~~	~~10~~	~~11~~	~~12~~	~~13~~	~~14~~
~~15~~	~~16~~	~~17~~	~~18~~	~~19~~	~~20~~	21
22	23	24	25	26	27	28

项目实践　》

第21天 建筑平面图和立面图的绘图规范

一 建筑平面图和立面图的基础知识

　　作为建筑设计师，手绘图是专业的语言，与计算机制图相比，它效率高、表现力强，所以它不是计算机所能代替的，是不能丢弃的。手绘技法应该继续保持和发展下去，并且设计师更应侧重手绘草图、创意表现分析图等方面的经验积累。另外，设计师与计算机绘图者交流的媒介亦在于草图，这是必不可少的。随着甲方的审美水平、文化修养的不断提高，直接用草图汇报或是交流创意的时期即将到来。因此，手绘的艺术特点和优势决定了在表达设计中的地位和作用，其表现技巧和方法带有纯天然的艺术气质，在设计理性与艺术自由之间对艺术美的表现成为了设计师所追求的目标。

　　要将建筑物的全貌包括内外形状结构完整地表达清楚，根据正投影原理，按建筑图样的规定画法，通常要画出建筑总平面图、平面图、建筑立面图和建筑剖面图，对于要进一步表达清楚的细节部分还要画出建筑详图。

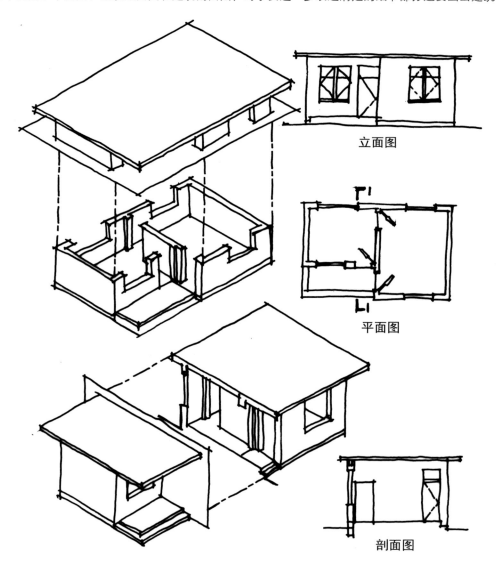

立面图

平面图

剖面图

总平面图实际是一种示意图，它除了建筑轮廓、等高线等要符合投影关系外，其他内容都要根据国家《总图制图标准》中所规定的图例符号来表明。总平面图是总体设计的产物，具有全局性的指导作用。将新建工程四周一定范围内的新建、拟建、原有和拆除的建筑物、构筑物连同其周围的地形、地物状况用水平投影方法和相应的图例所画出的工程图样，即为总平面图。

总平面图主要表达的内容有：本工程的功能是什么？是车间还是办公楼，是商场还是宿舍；用地范围是怎样的；地块的地形地貌，周边环境。

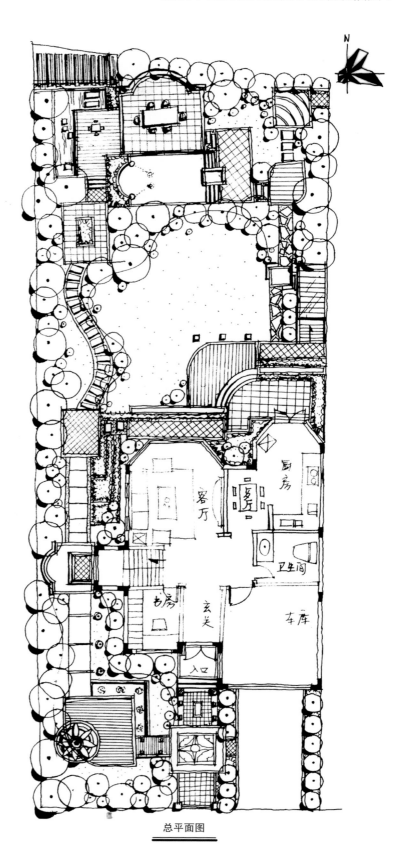

总平面图

建筑平面图,是将建筑物的墙、门窗、楼梯、地面及内部功能布局等建筑情况,以水平投影方法和相应的图例所组成的图纸。假想一个水平面经过门窗洞将房屋剖开,移去上部,由上向下投射所得的剖面图,即为建筑平面图。

如果是楼房,沿底层剖开所得的剖面图叫底层平面图,沿二层、三层等剖开所得的剖面图叫二层平面图、三层平面图等。它反映建筑物的功能需要、平面布局及其平面的构成关系,是决定建筑立面及内部结构的关键环节。它可以表达建筑物的平面形状、大小和布置,墙、柱的位置、尺寸和材料,门窗的类型和位置等,是新建建筑物的施工及施工现场布置的重要依据,同时也是设计及规划给排水、强弱电、暖通设备等专业工程平面图和绘制管线综合图的依据。

建筑平面图主要表达的内容有:建筑物及其组成房间的名称、尺寸、定位轴线和墙壁厚等;走廊、楼梯位置及尺寸;门窗位置、尺寸及编号;台阶、阳台、雨篷、散水的位置及细部尺寸。首层地面上应画出剖面图的剖切位置线,以便与剖面图对照查阅。

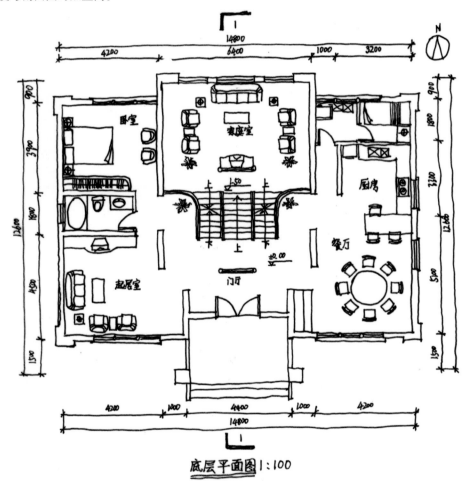

底层平面图1:100

建筑立面图主要用来表示建筑的体形和外貌、外墙装修、门窗的位置与形式,以及遮阳板、窗台、屋顶水箱、檐口、阳台、雨篷、雨水管、水斗、引条线、勒脚、平台、台阶、花坛构造和配件各部位的标高和必要尺寸。为了反映建筑物的外形、高度,在与房屋立面平行的投影面上需作出房屋的正投影图。

建筑立面图主要表达的内容有:门窗在外立面上的分布、外形、开启方向;屋顶、阳台、台阶、雨篷、窗台、勒脚、雨水管的外形和位置;外墙面装修做法;室内外地坪、窗台窗顶、阳台面、雨篷底、檐口等各部位的相对标高及详图索引符号等。

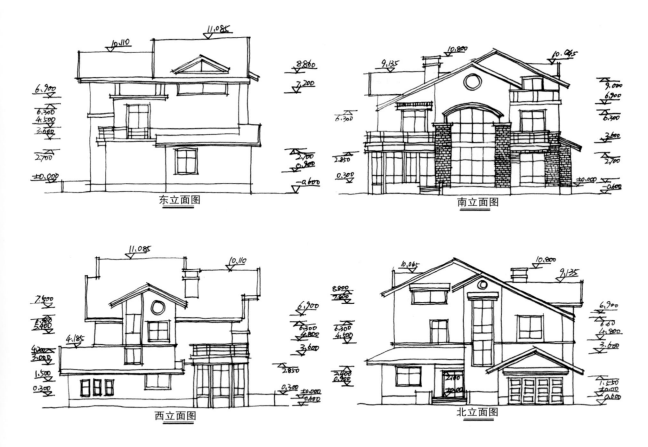

东立面图

南立面图

西立面图

北立面图

 建筑平面图和立面图的绘图规范

1.图纸规格

常用的图纸有A0（841mm×1189 mm）、A1（594 mm×841 mm）、A2（420 mm×594 mm）、A3（297 mm×420 mm）和A4（210 mm×297 mm）。

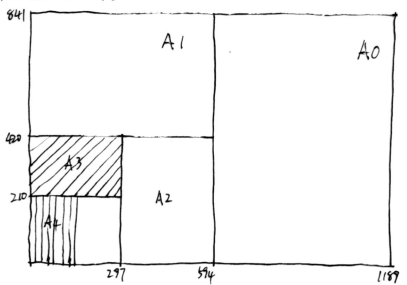

2.线型

名称		用途
实线	粗实线	1.平、剖面图中被剖切的主要建筑构造轮廓线 2.建筑立面图的外轮廓线 3.平、立、剖面的剖切符号
	中实线	1.平、剖面图中被剖切的次要建筑构造轮廓线 2.建筑平、立、剖面图中建筑构配件的轮廓线
	细实线	细图形线、尺寸线、尺寸界线、图例线、索引符号、标高符号、引出线等
虚线		1.建筑构配件不可见的轮廓线 2.拟扩建的建筑物轮廓线 3.图例线

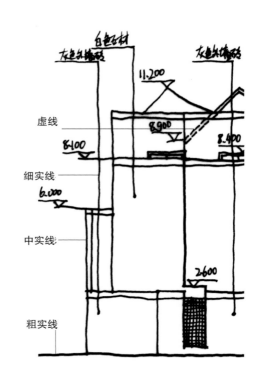

3.剖切符号

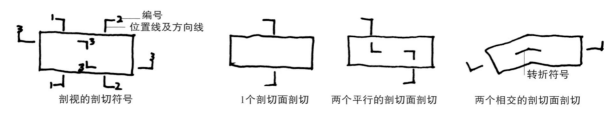

剖视的剖切符号 　1个剖切面剖切 　两个平行的剖切面剖切 　两个相交的剖切面剖切

4.索引符号与详图符号

　　详图符号用粗实线圆绘制。详图与被索引的图样同在一张图纸内时，应在符号内用阿拉伯数字注明详图编号。如不在同一张图纸内，可用细实线在符号内画一个水平直径，在上半圆中注明详图编号，在下半圆中注明被索引图纸号。

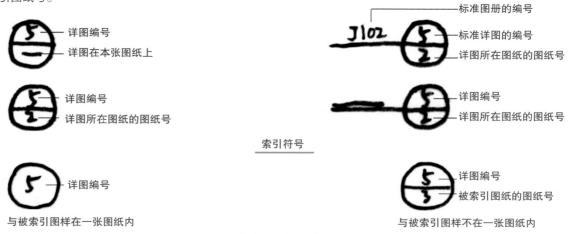

索引符号

用于索引剖面详图的索引符号

5.对称符号连续符号指北针

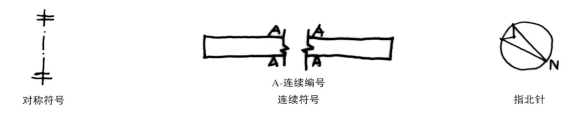

对称符号   A-连续编号
连续符号   指北针

6.定位轴线及其编号

　　建筑施工图的定位轴线是建造房屋时砌筑墙身、浇注柱梁、安装构配件等施工定位的依据。凡是墙、柱、梁或屋架等主要承重构件，都应画出定位轴线，并编号确定其位置。对于非承重的分隔墙、次要的承重构件，可编绘附加轴线，有时也可以不编绘附加轴线，而直接注明其与附近的定位轴线之间的尺寸。

　　根据国际规定，定位轴线采用细点画线表示。轴线编号的圆圈用细实线。轴线编号写在圆圈内。在平面图上水平方向的编号采用阿拉伯数字，从左向右依次编写。垂直方向的编号，用大写拉丁字母自下而上顺次编写。拉丁字母中的I、O及Z三个字母不得作轴线编号，以免与数字1、0及2混淆。在较简单或对称的房屋中，平面图的轴线编号一般标注在图形的下方及左侧。较复杂或不对称的房屋，图形上方和右侧也可标注。

　　对于附加轴线的编号可用分数表示，分母表示前一轴线的编号，分子表示附加轴线的编号，用阿拉伯数字顺序编写。在画详图时，如一个详图适用于几个轴线时，应同时将各有关轴线的编号注明。

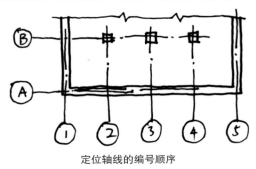

定位轴线的编号顺序

7.常用材料图例

名称	图例	说明
自然土壤		包括各种自然土壤
夯实土壤		
砂、灰土		靠近轮廓线点较密
粉刷		
普通砖		包括砌体、砌块，断面较窄不易画出图例线时，可填红
饰面砖		包括铺地砖、马赛克、陶瓷砖、人造大理石等
石材		

常用材料图例（续）

名称	图例	说明
毛石		
混凝土		本图例仅指能承重的混凝土及钢筋混凝土 包括各种标号、骨料、添加剂的混凝土
钢筋混凝土		在剖面图上画出钢筋时，不画出图例线 断面较窄，不易画出图例线时可填黑
木材		上半部分为横断面，从左至右依次为垫木、木砖、木龙骨 下半部分为纵断面
防水材料		构造层次多或比例较大时，采用上面图例
空心砖		指非承重砖砌体
玻璃	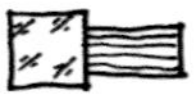	
胶合板	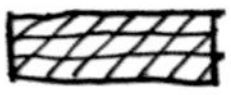	应注明几层胶合板
新建建筑物	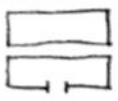	上图表示不画出入口的图例，下图表示画出入口的图例
原有建筑物		
计划扩建的预留地或建筑物		
拆除的建筑物		
新建的地下建筑物或构筑物	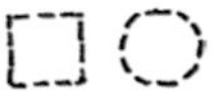	
建筑物下面的通道		
散状材料或露天堆场	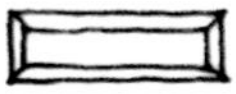	
其他材料露天堆场或露天作业场		
铺砌场地		
高架式仓料		
漏斗式仓料		
冷却塔（池）		
水塔、贮罐		
水池、坑槽		
烟囱		

常用材料图例（续）

名称	图例	说明
围墙及大门		上图表示铁丝网、篱笆围墙,下图表示砖石、混凝土及金属材料围墙。如仅表示围墙时,不画大门
花池		
花架		
等高线		实线为设计地形等高线,虚线为原地形等高线
护坡		
挡土墙		
道路		
计划扩建的道路		
河流		
桥梁		
地下管道或构筑物		
水池		左: 人工水池; 右: 自然水池

8.尺寸标注

图上有两道尺寸线,单位为mm。在图上,高度尺寸主要用标高表示,一般要注出室内外地坪、一层楼地面、窗洞口的上下口、女儿墙压顶面、进口平台面及雨篷底面等的标高。尺寸标注形式如下图所示。

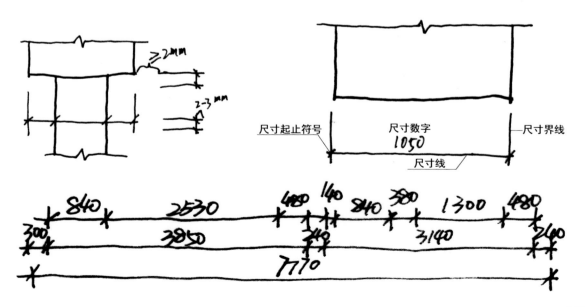

在总平面图、平面图、立面图和剖面图上，经常用标高符号表示某一部位的高度，它有绝对标高和相对标高之分。绝对标高是以我国青岛附近黄海的平均海平面为零点测出的高度尺寸；相对标高是以建筑物室内主要地面为零点测出的高度尺寸。各类图上所用标高符号应以细实线绘制，标高符号的尖端应指至被标注的高度，尖端可向下也可向上。标高数值以米为单位，一般注至小数点后三位数（总平面图中为两位数）。在"建施"图中的标高数字表示其完成面的数值。如标高数字前有"一"号的，则表示该处完成面低于零点标高。如数字前没有符号的，则表示高于零点标高。

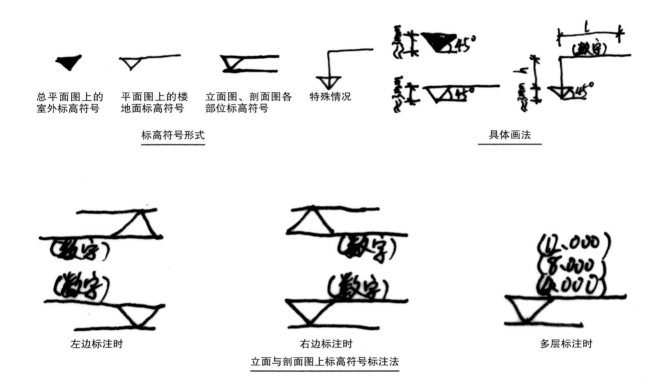

9.构图

手绘建筑设计平面图和立面图有别于艺术手绘，设计手绘是通过徒手表达，把所想、所见到的设计信息记录下来的过程，是设计师用于记录资料、记录想法、交流设计的最方便、最快速的工具，也是设计师的工作语言。把构思中突出的建筑主题，人或景物加以强调，从而舍弃次要的东西，并恰当地安排植物等陪衬物。选择环境，使手绘作品比现实生活更高、更强烈、更完善，以增强艺术效果。总的来说，就是把建筑设计师的思想情感传递给大众的设计语言艺术，从而真切地表达建筑设计的目的。

手绘与建筑设计可以通用，因为它们的含义是一样的。设计的精确概念和其原始含义是构思，即设计师为了明确表达自己的思想而适当安排各种视觉要素的那种构思。

建筑手绘方案平面图思路布局

正确地把握建筑设计的立意与构思，深刻领会设计意图是学习表现图技法的首要着眼点。为此，必须把提高自身的专业理论知识和文化艺术修养，培养创造思维能力和深刻的理解能力作为重要的培训目的，贯穿学习的始末。

常见的错误构图及解析

构图太大或太小是初学者常犯的错误。初学者在学习手绘初期，往往对画面的构图把控能力较弱，容易造成画面太过于饱满或者太小的问题。出现这些问题都是因为在绘画初期，没有从整体出发而导致的。

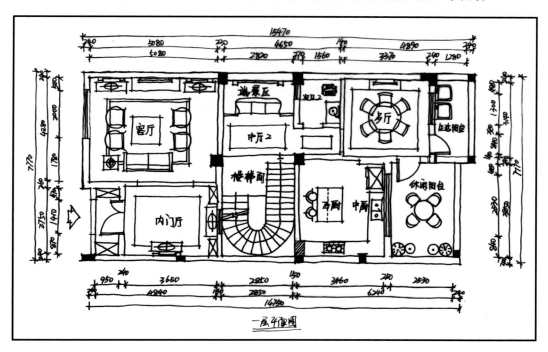

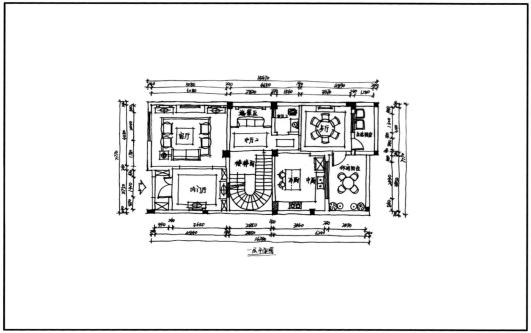

正确的构图应该是将纸的四周留白，特别是下方边缘应该宽于其他3边，这样画面会有一定的进深感。整个构图要求突出中心，空间布局合理。

先找准建筑方案的中心，再定出画面四个边的控制线。画面所有线条坚决不能超出控制线，边缘线也不能离控制线太远。要做到整个画面内容有中心，有重点，不浓缩，不偏离，不膨胀。

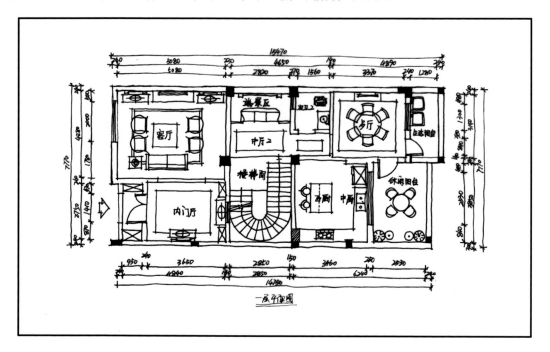

构图偏左或偏右：除了构图偏大和偏小的问题外，初学者容易犯的构图错误就是构图偏左或者偏右。特别是遇到整个建筑画面重心有些偏移的时候，视觉感往往都有些偏移，重心不稳，直接影响整个画面的效果。

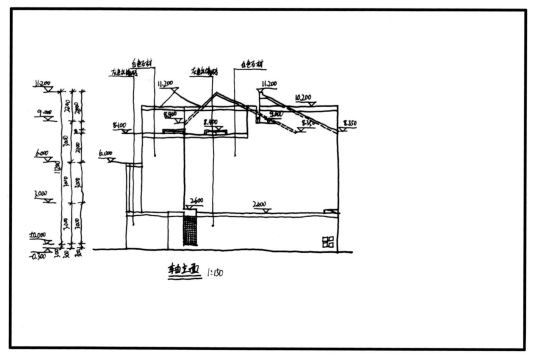

构图偏左

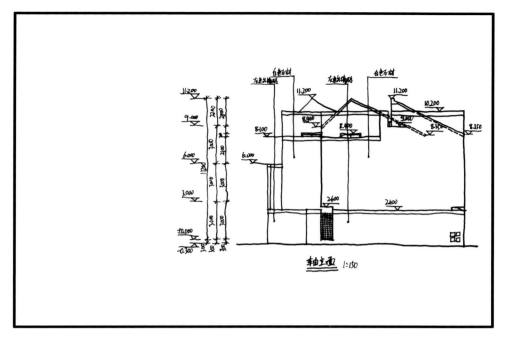

构图偏右

对于这种构图错误，主要的解决方法还是应该从整体出发，运用均衡构图的方法，突出主体物在画面中的重要性，使整个画面重心稳定，前后左右虚实得当，不偏移，不下沉，不膨胀，主次分明。

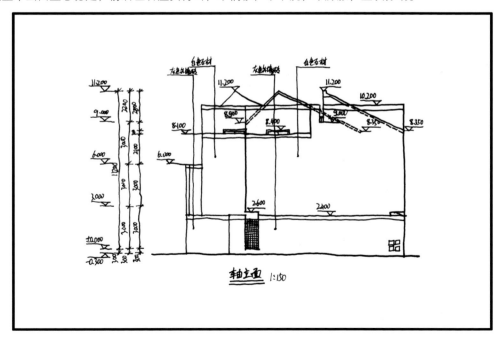

10.材质

建筑效果图的特点在很大程度上取决于运用的材料。材料不同，画出来的手绘建筑效果图给人的感觉也是不相同的。例如，钢笔的硬朗适合表现效果鲜明的画面；铅笔的松软和可控性强，适合表现细腻、层次丰富的画面；水粉的色彩淋漓适合表现光感、空气和天空的氤氲感。各种材料都有共性也有其特殊性，所以材料也是影响画面构图的重要因素。画面具有大小、明暗、重复、对比、均衡、韵律、节奏、空间、构成等各种关系。

在艺术表现中，针对不同物象用不同技巧所表现的真实感叫作质感。质感的表现在建筑手绘效果图中有很大的作用。研究表现技法的目的是使效果图更真实、更具说服力。不同的物质其表面的自然特质叫天然质感，如空气、水、岩石、竹木等；而经过人工处理的表面感觉则叫作人工质感，如砖、陶瓷、玻璃、布匹、塑胶等。不同的质感给人以软硬、虚实、滑涩、韧脆、透明、浑浊等多种感觉。

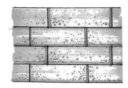   

建筑墙面的石材、木纹材质

总平面图中各种材质表现

11.光影

在同一张平面图和立面图中，建筑、人物、植物等所有物体的光影都应该是一致的，朝同一个方向的。但是在实际的作图中，很多初学者往往在对平面图和立面图进行上色时，经常出现光影不统一的问题，造成整体画面感觉混乱。

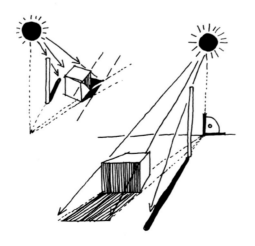 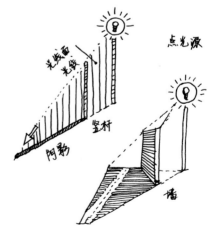

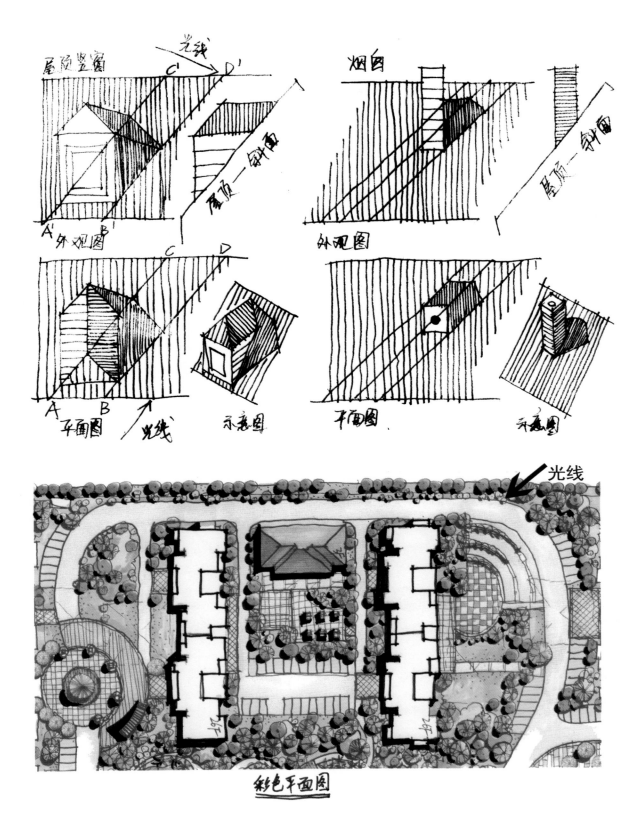

彩色平面图

总平面图光影表现

12.比例

常用比例

建筑总平面图	1:500、1:1000、1:2000
建筑平、立、剖面图	1:50、1:100、1:200、1:300
大样图	1:1、1:5、1:10、1:20、1:50

比例符号

数字

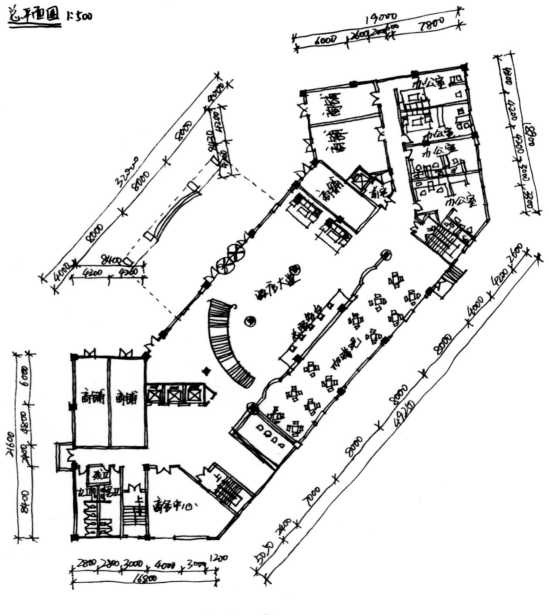

比例尺

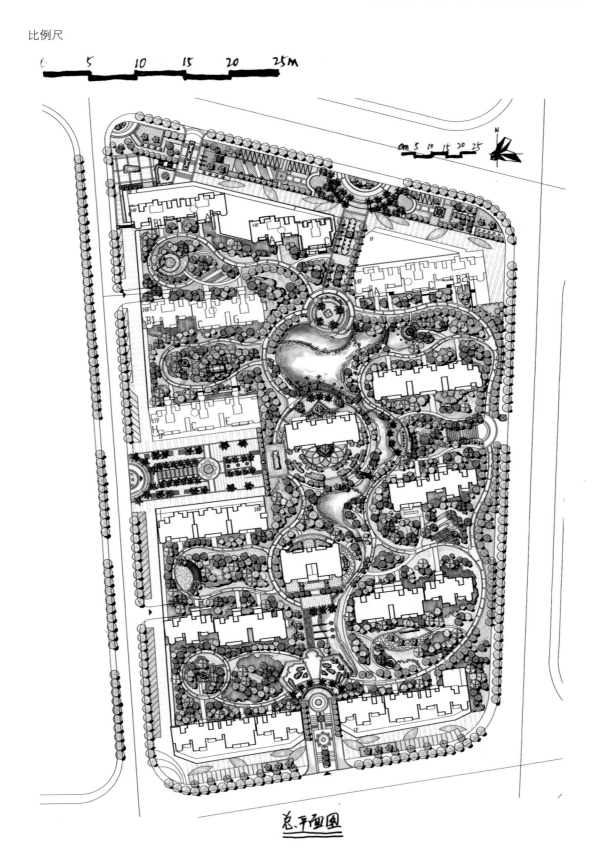

总平面图

13.色调

一般手绘图的色彩应力求简洁、概括、生动，减少色彩的复杂程度。为增强艺术效果，有的色彩效果图可以运用有色纸做底色来表现：一是色彩均匀；二是节省涂色时间；三是可以很好地进行色彩统一，增强绘画性和趣味性。

对手绘图上色时，不仅要表现色彩和明暗关系，还要注意表现出不同材质的质感效果，真实地传达设计意图。

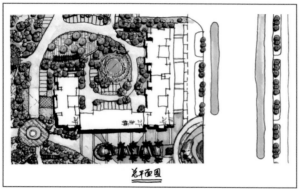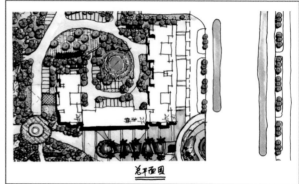

第22天 建筑平面图和立面图的基本画法

手绘建筑平面图、立面图和剖面图都属于建筑技术图纸，因此我们在绘制这些图纸的时候，首先不管是平面图、立面图还是剖面图，都可以把它当作几何形，学会绘制简单的单体几何图形，这也叫几何法绘制。除了学会几何法绘制之外，还有一些其他的制图规范，如某个建筑层平面图是在该层地板标高以上一定距离，使用一个水平平面的建筑所得的，因此，该图纸剖到什么位置、看到什么，应该以此截面为标准；立面图需要使用合理宽度的线型来区分轮廓、表示空间深浅；剖面图（包括平面图）需要区分剖线以及仅仅看到的线。因此，我们学习绘制手绘建筑的技术图纸，需要从画法几何及制图规范两方面着手。前者是理解二维图面，将其与三维实体互相转换的基础，而后者是确保图面符合建筑学要求的规则。

一 总平面图的表现

建筑总平面图通常是结合单体建筑的组合、空间的划分和建筑红线周围环境的布局设计，它比任何形式都能够更快地表现出整个空间设计的关系，也可以更加直观地反映出建筑群体在基地中与周边的关系。

（1）首先画出学校基地轮廓，了解红线控制范围线。

（2）画出几个主体建筑的外轮廓线及位置。

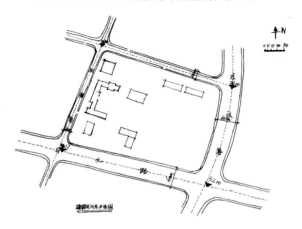

（3）以主体建筑为参照，画出所有建筑的外轮廓线以及球场的位置。

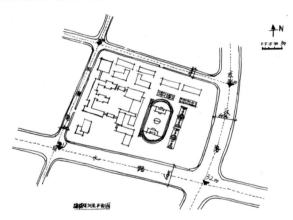

（4）画出整个平面的交通组织道路系统，并标注内容。

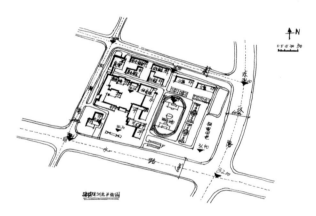

总平面图色彩表现示例

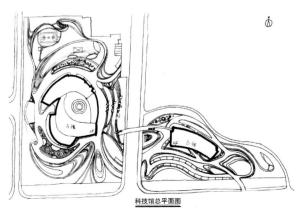

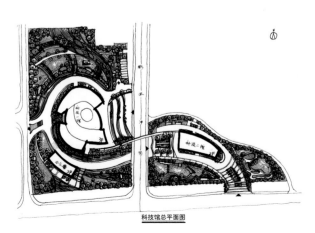

二 建筑手绘单体平面图的表现

　　建筑手绘单体平面图的表现，内部空间的划分，是建筑单体平面图的灵魂所在。建筑设计师在构思草图方案时，一定要注意尺度、比例、功能空间大小的划分。

　　（1）把房屋的基本构架勾勒出来。需要注意的是给人的第一感觉要美观，线条要直，或跟像写字一样，要有一定的笔触感，也就是手绘的平面图要方方正正，不能歪歪斜斜。

　　（2）画出建筑墙体实线，确定出入口位置，进行基本功能定位。

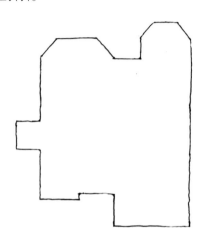

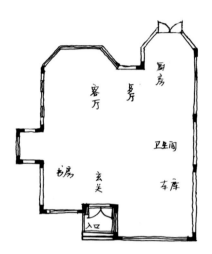

　　（3）画出建筑功能分区的实体墙线，确定室内空间。根据每一间不同的功能，画出适合各间功能的划分，设计好室内空间的内部流线。

　　（4）画出每一间房间的家具位置设计。标出每一间房门的位置。

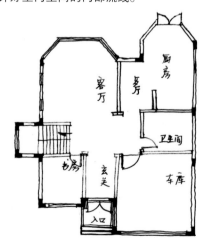

三 建筑平面图结合景观设计的表现

建筑和景观相互依存，好的建筑设计也要有好的园林景观搭配。建筑平面图结合园林景观设计，是目前最常用的一种设计模式。本案例是一个建筑结合屋顶花园的内庭院方案设计。

（1）先画出建筑外轮廓线，然后画出柱子的位置、走道及屋顶花园的位置。

（2）画出建筑的内部结构，楼梯间出入口及采光井的位置。

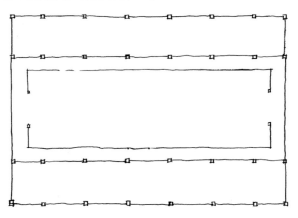
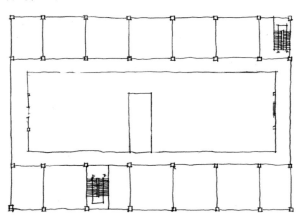

（3）标出建筑内部空间的功能布局，简单勾勒出庭院空间的大体布局。

（4）确定建筑空间的布局及所有功能划分，画出内庭院的详细功能布局定位，然后简单画出植物群落之间的组合。

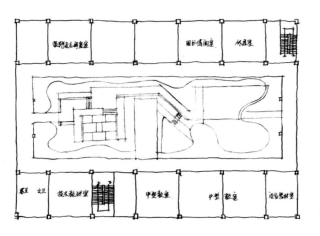
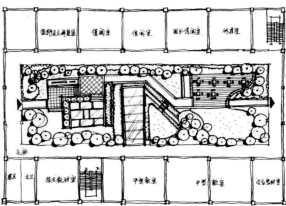

（5）把握好大的环境及空间运用，详细刻画内庭院的空间布局及材料的细节，如廊架、木平台、玻璃采光井、桌椅、树木的阴影等细节。整个方案平面图线稿就完成了。

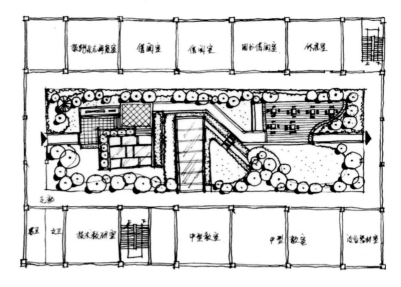

（6）接下来需要对方案进行上色，从大面积的草地部分开始着手。草地的颜色一般根据方案的整体色彩风格来确定。这里选择的Touch59和STA57两种颜色进行表现。它们颜色淡雅，比较容易把控，利于画面层次的表现。

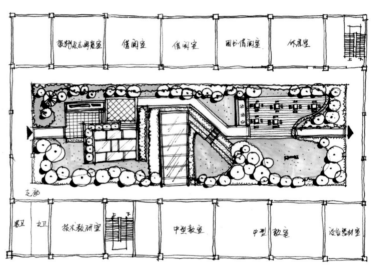

（7）用my color65简单画出灌木丛的颜色，与草的颜色区别开。对于玻璃采光井用my color185和my color186两种颜色进行表现，能够很好地画出玻璃的通透感。木平台的底层颜色用my color97绘制。

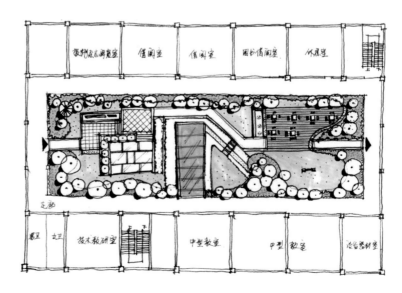

（8）绘制整个方案的细节颜色，如乔木、花灌木、廊架、道路铺装和水面等地刻画。花灌木用my color14、my color88和Touch89绘制。道路铺装用Touch25和TouchBG3绘制。水面用Touch186和Touch183绘制。廊架用TouchBG4和Touch183绘制。

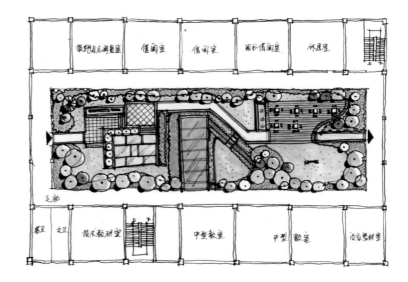

（9）整体调整方案色彩，要做到主次、层次分明。切记，颜色不能太过花哨。在这个阶段，应该把握好细节颜色的刻画，可以用一些艳丽的颜色刻画一些细节的地方，提亮整个画面效果。在乔木、花灌木、水体等细节部位用Touch14、Touch22、my color24、my color 49、my color 150和白色涂改液来调整和提亮整个方案的色彩感觉。

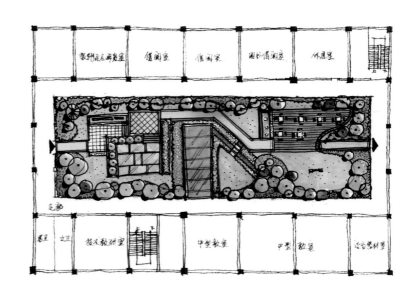

TIPS

方案设计：在设计一些小的建筑和庭院空间相结合的方案时，可以用铅笔简单勾勒出整个方案的功能布局，再逐步细化整体方案及细节。

色彩：在方案上色的时候，很多初学者不知道从哪里开始上色。这里告诉大家一个小技巧，从大面积的部分开始上色，尽量选择淡雅一些的颜色，再逐步到深色或是艳丽的颜色。这样能够很好地把握好整个画面。注意，艳丽的颜色不能大块运用，如果把握不好，很容易使画面变得花哨。

工具的运用：各种不同的工具能够带来不同的效果。在这次的建筑庭院设计中，绘制线稿运用的是针管笔，笔号从0.1~0.8mm都有，勾勒外轮廓线一般用0.5~0.8mm，而细节部分一般采用小号笔，如0.1~0.3mm；上色使用的是my color2、Touch、STA三种品牌的马克笔和一支涂改液。每个品牌的马克笔，其色彩基本都不一样，运用不同品牌的马克笔上色，能够更好地丰富整个画面的色彩感觉。

四 立面效果图线稿表现

（1）画出地平线，简单勾画出建筑的外轮廓线。

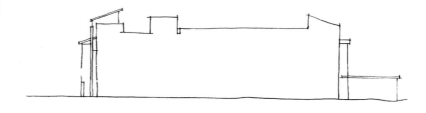

（2）画出建筑的大致立面结构及简单的分层情况。

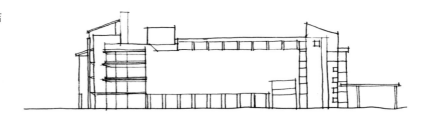

（3）调整整个立面图，画出立面的具体分层及部分钢架结构细节。

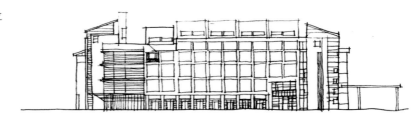

（4）画出整个建筑的细节，包括：钢架结构、玻璃窗、周边植物配景等细节。

五 立面效果图综合表现

立面效果图主要表现建筑的形式，它比单纯的立面图在空间上要丰富一些，画面会多出一些前景、中景及背景空间的表现形式。下面示范的是一个别墅的立面效果图。

（1）画出建筑的外轮廓线，确定好建筑的分层情况。标示出建筑的最高点和最低地平线。

（2）画出建筑立面的整体结构，包括屋面、烟囱、廊道、窗的位置及简单的细节处理。

（3）画出整体立面的细节处理，简单勾勒出建筑周边的环境，包括树木、灌木层、围墙及前坪草皮的处理。

（4）调整好整个画面空间，画出别墅建筑和周围环境的细节和阴影处理。在处理建筑细节时，要注意画出建筑墙面砖的细节纹理，这样能够更好地丰富空间层次。

（5）屋顶用 Touch64上色，屋面用TouchWG2上色，植物用Touch47画出固有色。

（6）用Touch46、Touch47、Touch50、Touch54、Touch59、Touch174完善植物颜色。

（7）墙面用Touch25、Touch26、TouchWG2、TouchWG6，以及紫色和青色彩铅结合完善。植物亮面用Touch48和黄色彩铅上色，暗部用Touch43和Touch59刻画。

（8）用青色、浅蓝色、深蓝色、紫色彩铅刻画天空，然后用白色涂改液提亮高光，调整整个画面效果。

第23天 ▶ 不同平面图例表达

不同的植物平面配景图例表现

不同的建筑平面图例表现

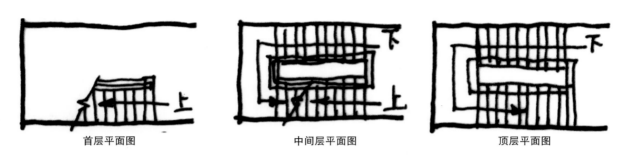

首层平面图　　　　　中间层平面图　　　　　顶层平面图

楼梯画法

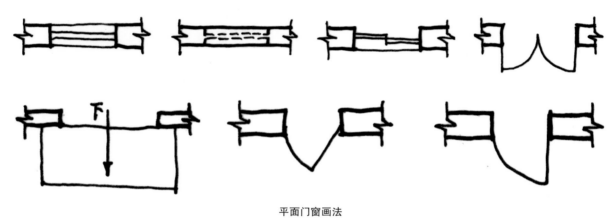

平面门窗画法

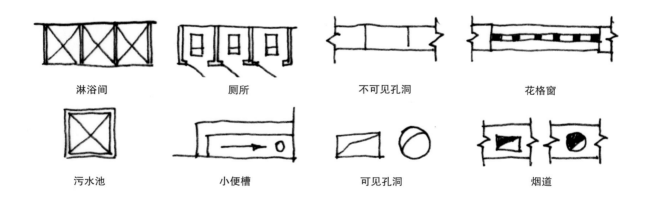

淋浴间　　　　厕所　　　　不可见孔洞　　　　花格窗

污水池　　　　小便槽　　　　可见孔洞　　　　烟道

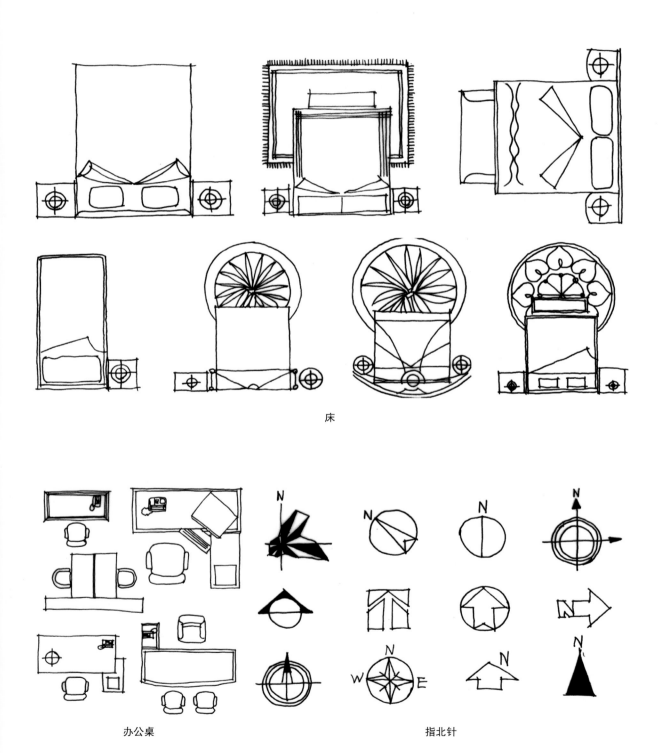

床

办公桌   指北针

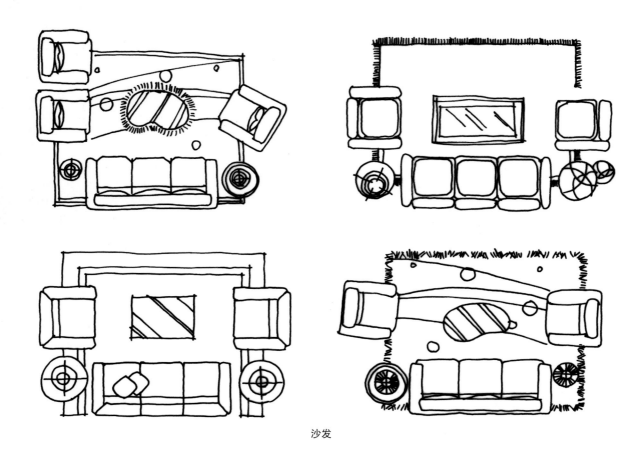

沙发

不同的建筑立面图例表现

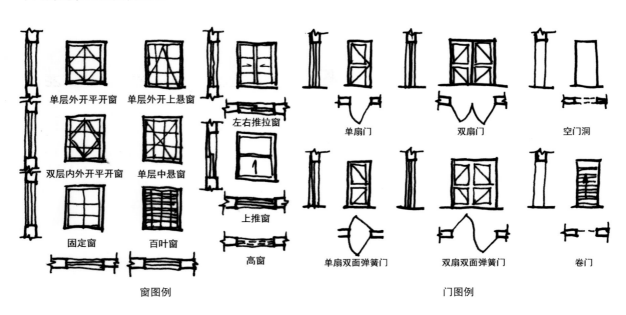

09

根据平面图和立面图生成透视空间

SUN	MON	TUE	WED	THU	FRI	SAT
~~1~~	~~2~~	~~3~~	~~4~~	~~5~~	~~6~~	~~7~~
~~8~~	~~9~~	~~10~~	~~11~~	~~12~~	~~13~~	~~14~~
~~15~~	~~16~~	~~17~~	~~18~~	~~19~~	~~20~~	~~21~~
~~22~~	~~23~~	24	25	26	27	28

🕐 第24天 平面图生成立面图的基本原理与方法 　　　　　　　　　　　　　　　》

🕐 第25天 平面图转换空间透视效果图 　　　　　　　　　　　　　　　　　》

🕐 项目实践 　　　　　　　　　　　　　　　　　　　　　　　　　　　　　　》

第24天 平面图生成立面图的基本原理与方法

一 平面图生成立面图的基本原理

对于建筑、环境艺术、工业造型等设计所用的绘图，比绘画专业所绘制的作品需要有更精确的尺度观念。绘画作品只需要表现出绘画对象，无需追求精确的长宽高尺寸；而设计专业的透视图，除了传达产品外形、功能以及美学信息之外，还应具有造型尺度的准确数据。做设计一般要先完成平面图和立面图，其中平面图以精确的尺寸展现对象的平面布置，通过平面图可以了解到门窗的尺寸、位置，只要了解到门窗的高度就可以生成立面图。

以正六面体的六个面为基本投影面，将物体放在六面体中，然后向各基本投影面进行投影，即得到6个基本视图。

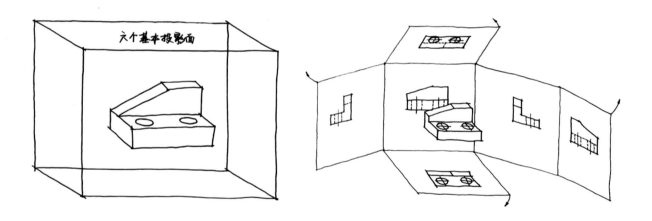

正面投影：正立面图（主视图）；水平投影：平面图（俯视图）；侧面投影：侧立面图（左视图）。

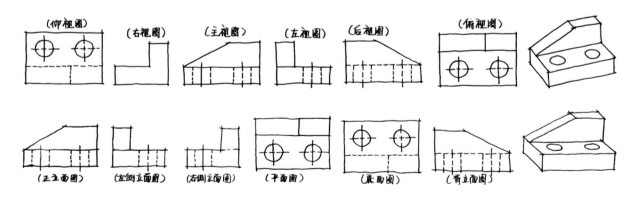

二 平面图生成立面图的方法

建筑平面图有底层平面图，二层、三层、四层的平面图（当某些楼层平面相同时为标准层平面图）和屋顶平面图。以精确的尺寸展现平面功能布局、结构（柱网）、墙体、门窗、楼梯的位置和尺寸等，通过各层平面图，并知道各部件的高度"按图索骥"，就能完成立面图。

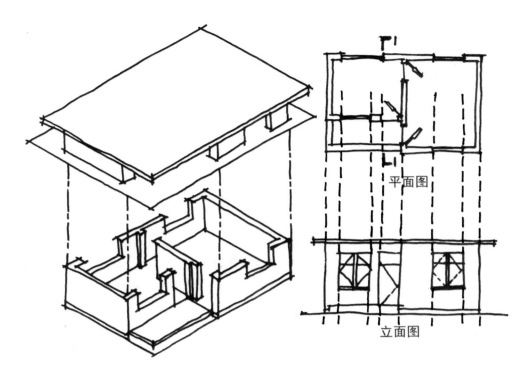

平面图

立面图

以下为别墅的一层、二层、顶层平面图。

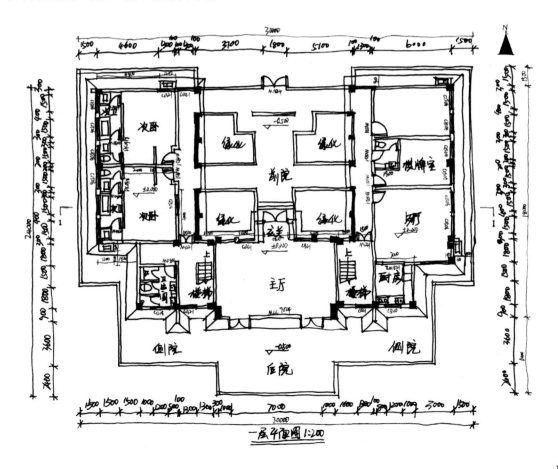

一层平面图1:200

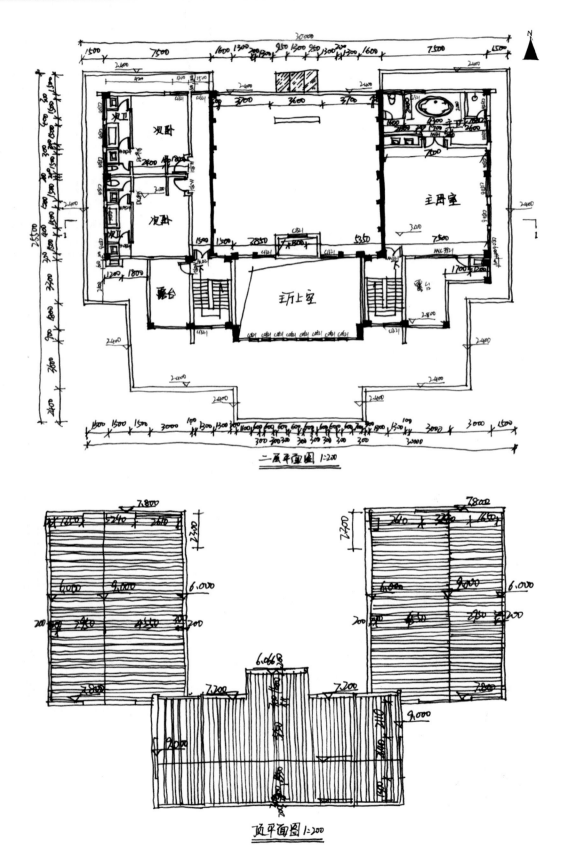

二层平面图1:200

顶平面图1:200

从以上3个平面图标注的尺寸及门窗高度，参照底平面、二层及顶平面图标高数据，生成东、西两个立面图。一定注意思路清晰。

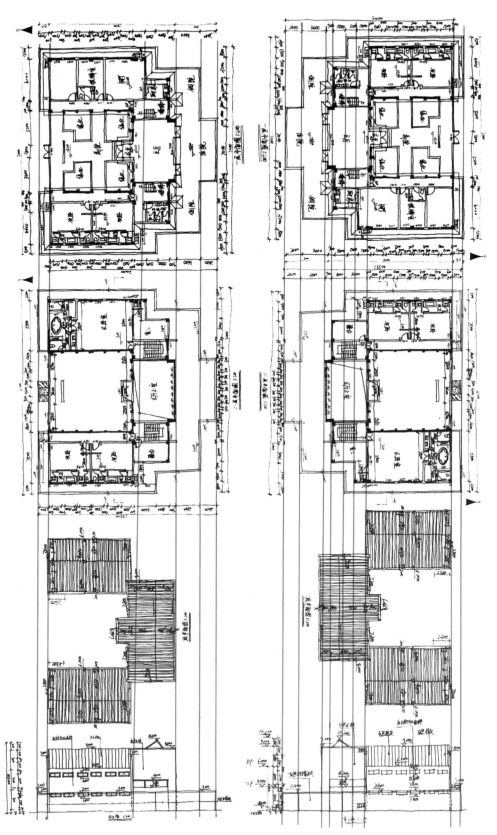

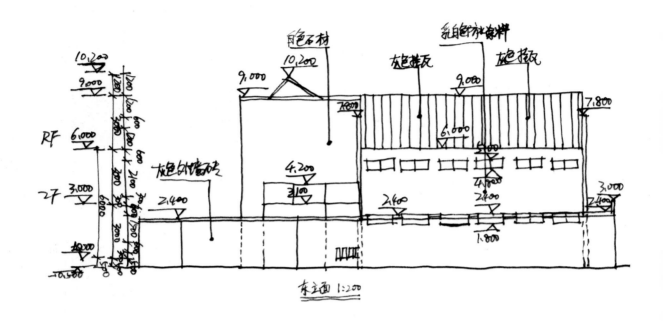

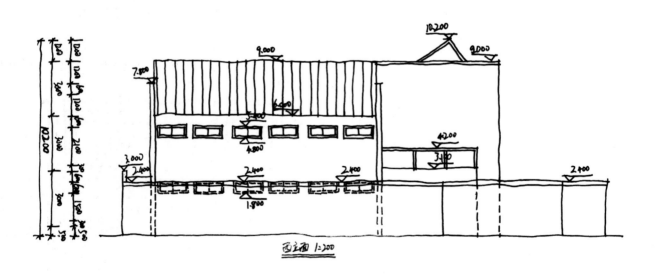

从一层、二层、顶平面图标注尺寸及门窗高度，参照底平面、二层及顶平面图标高数据，生成南、北两个立面图。

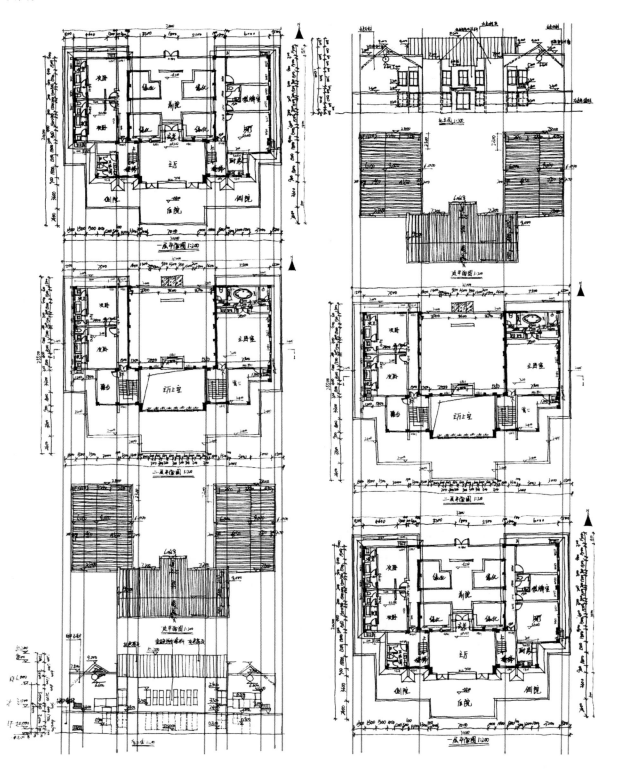

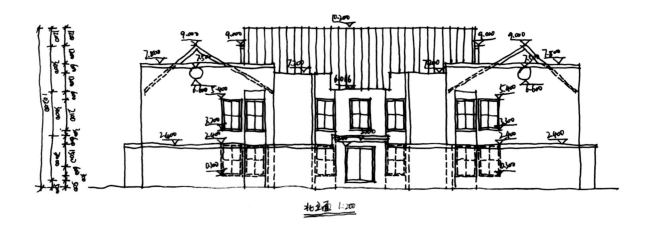

北立面 1:200

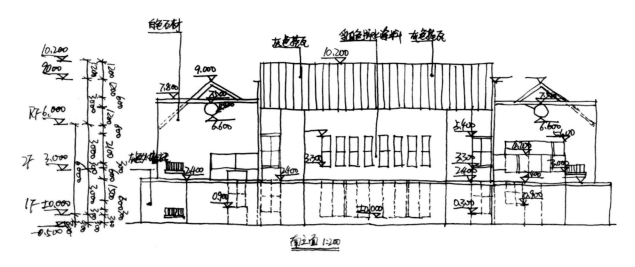

南立面 1:200

1:1剖面图是由从一层、二层、顶平面图标注尺寸及门窗高度,参照底平面、二层及顶平面图标高数据而生成的。

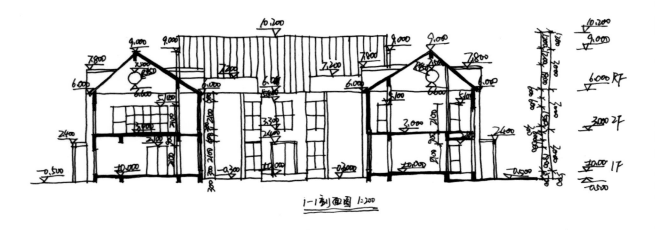

1—1剖面图 1:200

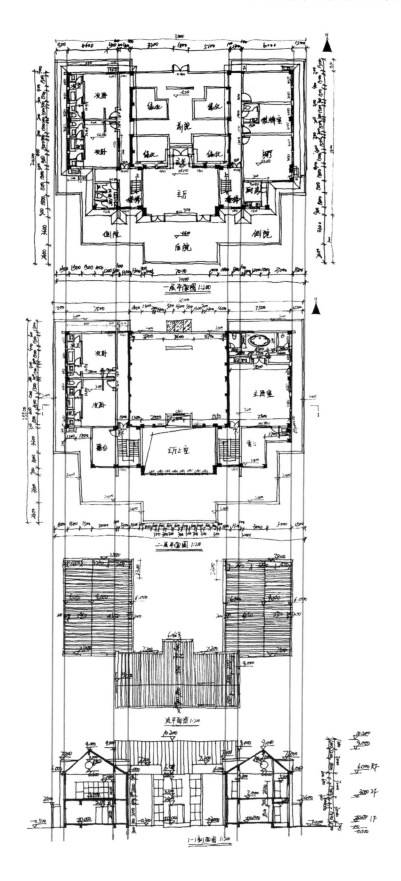

第25天 平面图转换空间透视效果图

一 平面图转换空间透视效果图的方法

　　建筑透视图的具体绘制通常是从平面图开始的。首先将该建筑物平面图的透视画出来，即得到"透视平面图"。在此基础上，将各部分的透视高度立起来，就可以完成整个建筑透视图。

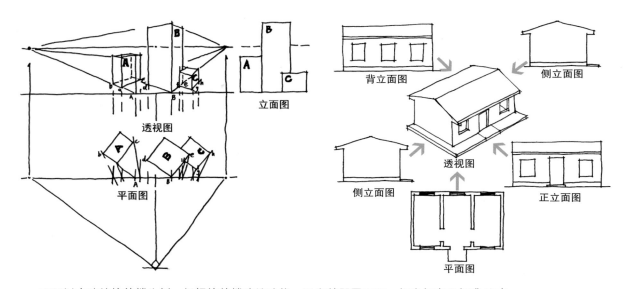

　　下面以古建筑接待楼为例。根据接待楼建筑功能，画出首层平面图，标出标高及标准尺寸。

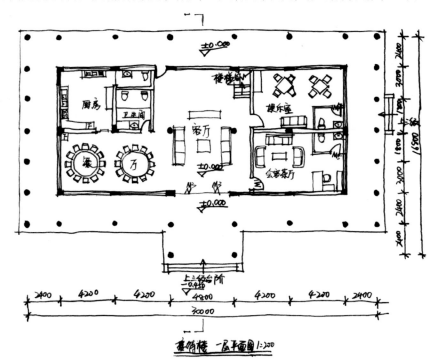

根据首层平面图及功能布局,画出二层平面图,画出镂空部位,标出标高及标准尺寸。

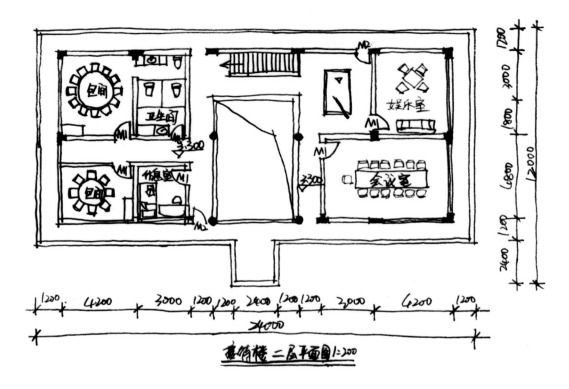

根据首层、二层平面图画出顶层平面图,标出标准尺寸及坡比、下坡方向。

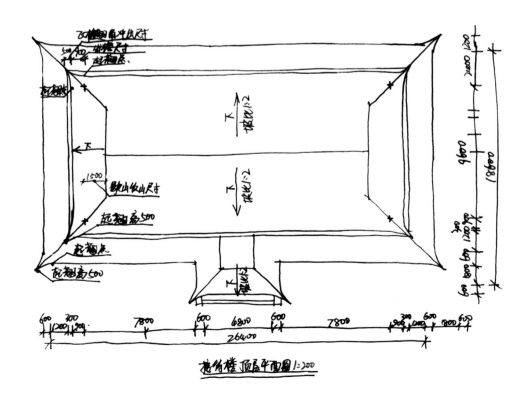

根据一、二层、顶平面图画出正立面图，标出分层标高及尺寸。

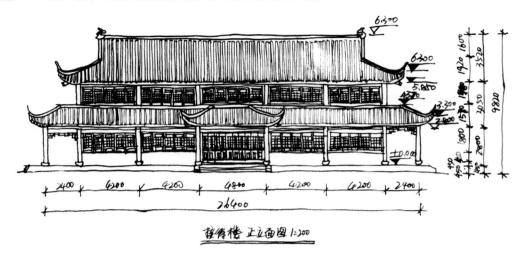

根据一、二层、顶平面图画出侧立面图，标出分层标高及尺寸。

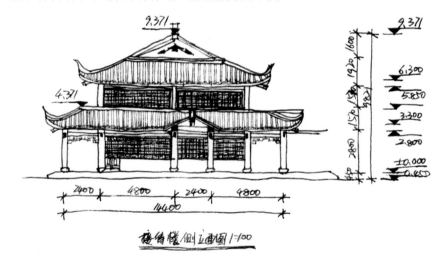

根据一、二层、顶平面图及正立面图、侧立面图画出中轴线剖面图，标出详细尺寸及标高。

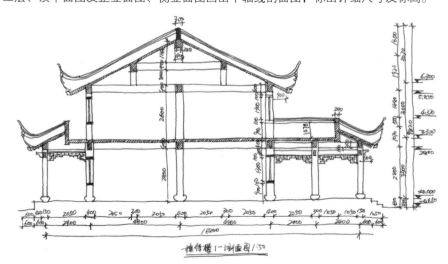

在一层、二层、顶平面图，正立面、侧立面及剖面图上标注尺寸及门窗高度，参照底平面、二层及顶平面图标高数据，生成透视空间。

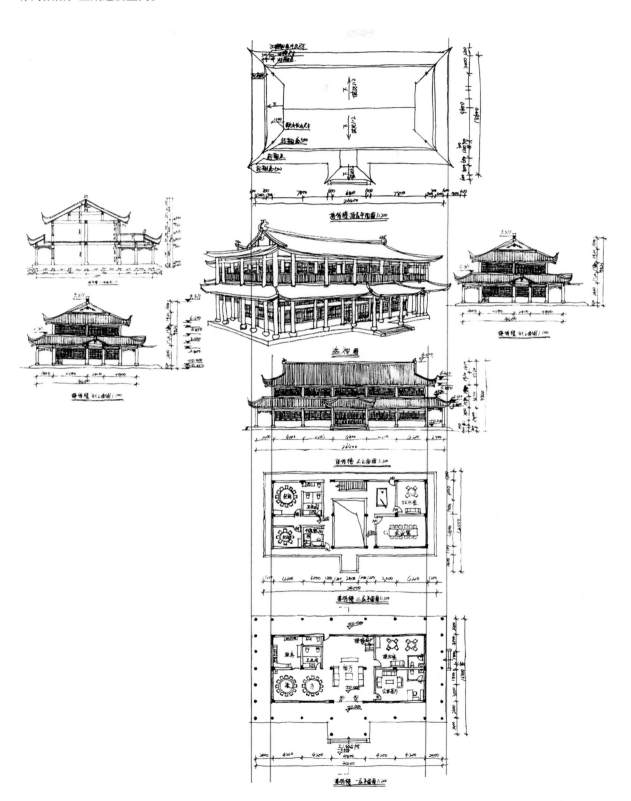

透视图

二 空间透视效果图欣赏

10

设计思维与方案设计

SUN	MON	TUE	WED	THU	FRI	SAT
1	2	3	4	5	6	7
8	9	10	11	12	13	14
15	16	17	18	19	20	21
22	23	24	25	26	27	28

ⓛ 项目实践　　　　　　　　　　　　　　　　　　　　　》

第26天 设计案例分析与讲解

一 安置小区建筑设计案例分析

1.设计案例平面分析

实际设计方案的平面图应该尽量标注详细，住宅、商铺、用地红线、绿化、停车场等尽量让人一目了然。经济技术指标的数据要核算准确。本方案设计根据用地红线基本确定了大体的建筑布局呈现L形，设置了居民休闲娱乐场地、文化健身设施场所、人员集散的公共活动空间等。在交通设计上实行人车分流，将小区分为车行入口与主要人行入口，从而保证居民的出行安全。通过交通流线将整个建筑与周围的环境串联起来，让整个场所满足居民的基本生活要求。

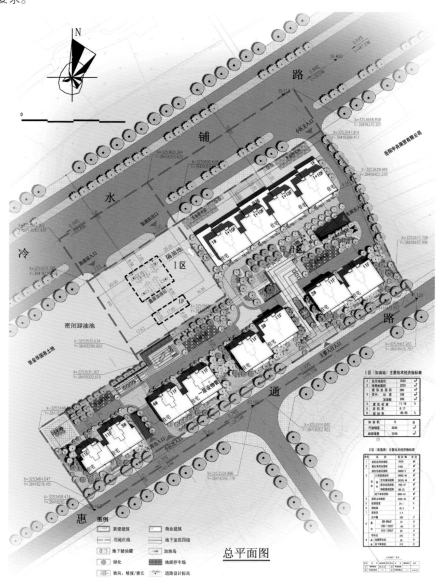

总平面图

2.设计案例立面分析

本方案的建筑设计采用的是Art Deco建筑风格，这种风格是介于古典与现代之间，融合了立体派和构成主义，包括机械美学，具有现代主义的简约而不简单，又有古典主义的精致而不烦琐。这种风格主要采用塔楼式退台、对称构图、刚柔并济的横竖线条和丰富的浮雕装饰手法。建筑的南立面与北立面直接反映了建筑的立面效果与建筑风格特征。

住宅南立面

住宅北立面

3.设计案例透视效果展示

在进行方案设计时，首先要明确方案的风格特点，要多思考一些问题，如建筑的布局、风格、景观结构、建筑体量等。通过透视效果图，能够直观地体现Art Deco建筑风格的特点：几何化的造型、金字塔式的层层退台、建筑立面以竖线为主，横线为辅、对称、渐变、重复。

建筑细部以鲨鱼纹、斑马纹、曲折锯齿图形、阶梯图形、粗体与弯曲的线、放射状图样等进行装饰。这种机械式、几何式、纯绿装饰的线条表现出因工业文化所兴起的机械美。

4.建筑设计分析图

在建筑设计中，常见的分析图有交通分析图、楼层高度设计分析图、停车分析图、景观布局分析图、日照分析图、消防分析图等，通过这一系列的分析图可以直观地感受到建筑与周围环境的关系、建筑与建筑的关系、建筑与人的关系。

交通分析图：主要是通过不同颜色线条表现建筑与周边交通的情况，确立好与周边道路的联系，建筑入主口与次入口，以及建筑内部流线、人流、物流的组织，避免互相干扰。通过交通引导，将不同功能空间联系在一起。

楼层高度设计分析图：将住宅建筑与商铺建筑，以及其他不同类型的建筑，运用不同的色块加以区分。这样也可以通过平面图进一步了解不同区域建筑的高度。一般楼盘都会有相应的配套商铺。

交通分析图

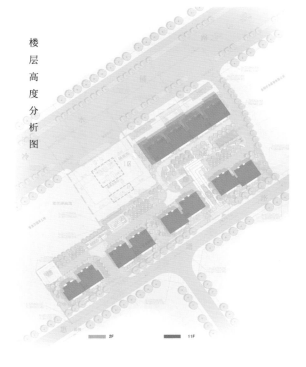

楼层高度分析图

景观结构分析图：本方案的景观布局总体来说呈"两轴一心"的形式。由中心集散广场向四周发散。景观布局与建筑具有关联性和统一性。

停车分析图：主要是满足居民的停车需求，以地下车库作为主要的停车场所，在商业区与较为宽敞的集散广场周围，辅助设计了少量的地上停车位。

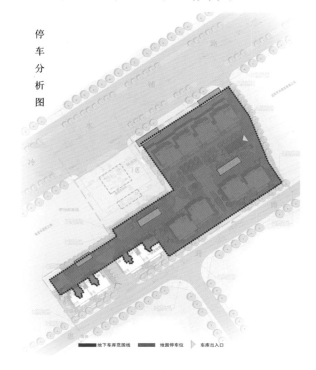

二 纪念展馆建筑平面布局讲解

（1）首先运用草图快速表达，大体规划出建筑与周围环境的整体布局。

（2）运用不同的色块区分不同的功能分区，进行进一步的分析与推敲。

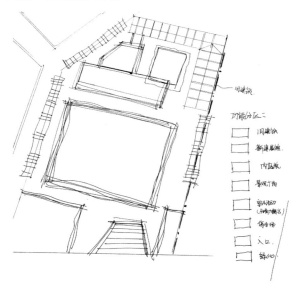

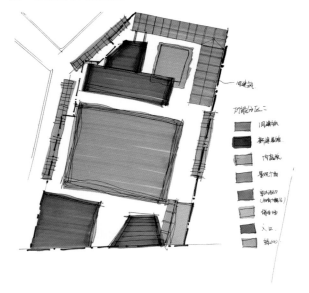

（3）在草图表达的基础上进一步合理布局，完善各个功能分区、新旧建筑、绿化等的绘制。

（4）绘制出平面投影，并在图面上标注出相应的说明文字。运用简单的冷灰调表现出旧建筑的明暗。

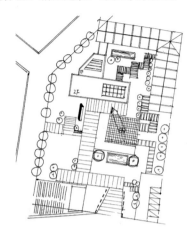

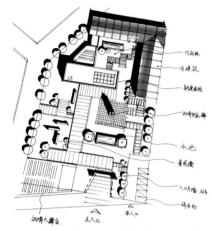

（5）运用暖色调表现出地面铺装的整体颜色，统一画面的整体色调。

（6）完善画面当中的景观构筑物与水景的表现，弱化景观植物的处理，以留白的方式表现，突出建筑设计。

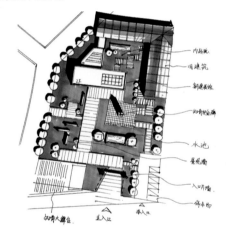

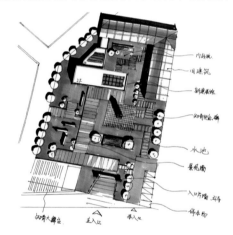

第27天 建筑方案设计流程

一 设计流程

1.设计前期工作

设计任务书的分析

在拿到设计任务书后，首先要做的工作就是对任务进行分析，分析得越深入，对后期的方案设计约有利。在下图中可以看到，该地段处于小街巷，南面临街，东西两侧为商业用房，人流量较大，所以把主入口放在南侧，餐厅设在西南面，北边为住宅和办公区，东南角有一颗古树要考虑保留。基地有古树虽说限制了建筑用地的使用，但是也为设计造型提供了思路。

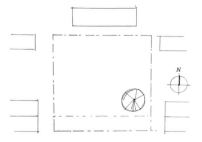

整体设计理念的诞生

　　根据原来给定的条件保留古树，形成L型平面。为了使内部人员有较好的视线，可以在东南方向大面积开窗，取窗外景色，把门厅做高，使入口空间视线开阔。

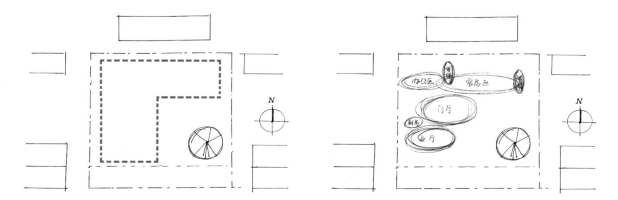

2.平面设计草图的勾勒

　　在确定了基本的设计理念和方向后，可以开始勾勒出设计草图，在此阶段应该仔细推敲，反复对比，以求找到最合理的布局设计，为总平面图的最终确定打下基础。

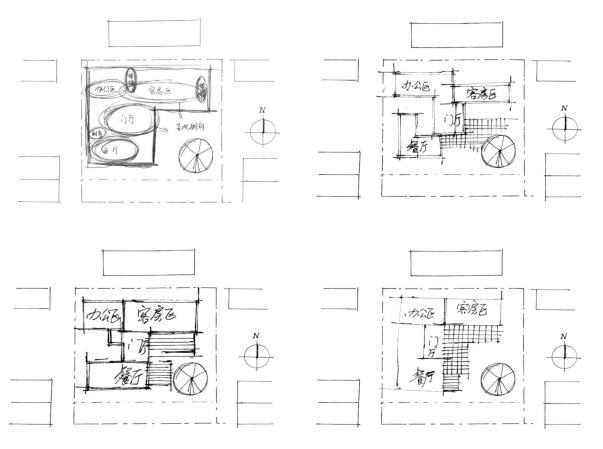

3.总平面定稿设计

通过上述对任务书的解读以及草图的勾勒，最终确定总平面的布局。在人流量较大的情况下，将客房区的建筑层数增加，以便容纳更多的客人，有更好的商业价值。但是考虑到街巷周边的情况，将其楼层确定为中高层范畴之类，办公空间与活动空间通过门厅拉开距离，动静分区明确，餐厅沿道路布置，有利于直接对外服务。

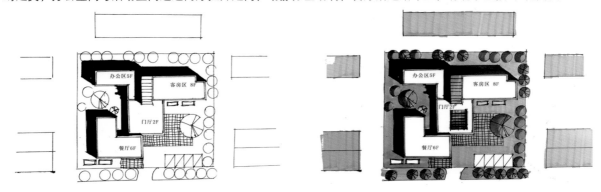

二 根据平面绘制透视空间

（1）确定建筑平面布局，并将周围环境简单润色，突出建筑平面。

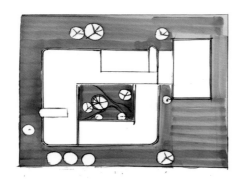

（2）将视角定位在平面的东南角。然后将建筑整体归纳成一个方形，运用对角线的方式划分出透视网格。

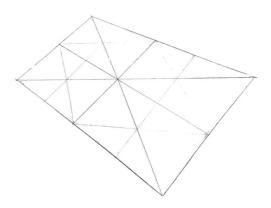

（3）通过对角线寻找透视。在规划好的透视网格内确定建筑底面的造型。

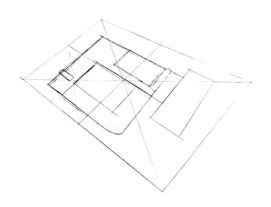

（4）根据建筑底面的造型，进一步给建筑起高度，区分出不同功能建筑的高度，以及穿插与前后的遮挡关系。

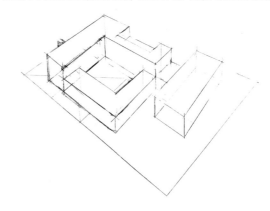

（5）依据铅笔底稿的造型，用墨线勾勒出建筑的整体透视造型。

（6）细化建筑细部，表现出建筑的条形窗，丰富建筑的细节。

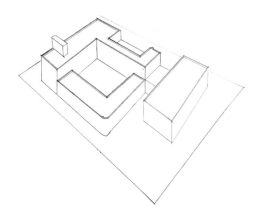

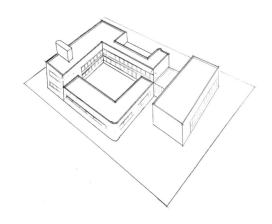

（7）运用暖灰色压暗地面，拉开建筑与地面的关系。

（8）运用冷灰色绘制出建筑的明暗体块关系，使得建筑与地面形成冷暖对比。

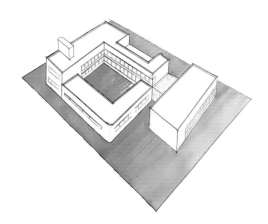

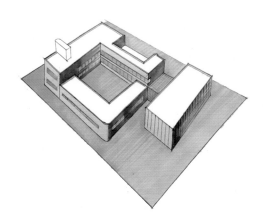

（9）局部表现出屋顶的色调，注意笔触过渡，以留白的方式处理为妙。

（10）运用深灰色加强暗部投影的表现，让建筑更具立体，明暗对比更加明确。

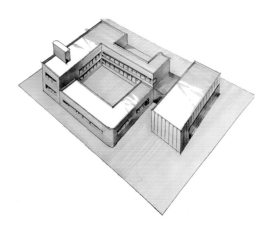

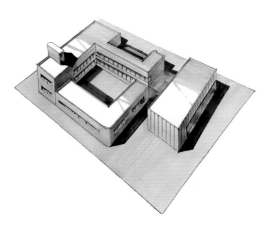

三 根据平面与立面绘制透视空间

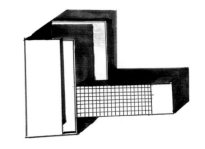

（1）首先人为地规划出一个建筑平面，通过建筑的投影区分出建筑的高低。没有具体层数与标高的建筑平面，可以画出很多不同的立面图，这种方式可以锻炼我们的空间想象能力。

（2）确定南立面的具体造型，并通过不同的色彩表现出建筑立面的材质与光影。

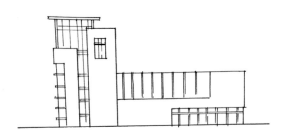

（3）确定东立面的具体造型，并通过不同的色调，表现出建筑的不同材质与明暗关系。

根据上面的平面图、南立面与东立面的具体造型，基本上可以想象与推断出东南视角的透视图。具体绘制如下步骤。

（1）根据平面及两个立面绘制出东南视角透视效果图的铅笔底稿，并注意两点透视的关系。

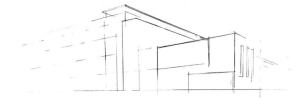

（2）运用不同的色调表现出建筑的明暗体块关系，但要注意建筑材质的颜色要与立面相应材质吻合。

（3）通过表现天空与建筑周边的绿化，丰富画面的内容。

四 创意方案快速表达

1.创意方案平面快速表现

快速平面表现讲究突出方案设计，在表现手法上常常做留白处理，通过几种简单的颜色区分好画面的明暗、层次以及冷暖关系。

（1）运用尺规快速规划出建筑平面的大体区域。

（2）细分平面，并人为地设置一种光线，表现出平面投影关系。

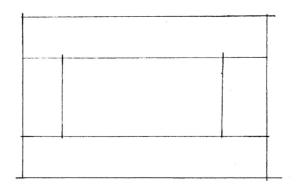
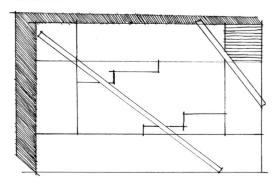

（3）绘制出建筑周围的草地、乔灌木、地面铺装等，丰富画面的内容。

（4）运用紫色彩铅、绿色系列彩铅绘制出植物色调，并运用暖色调表现地面铺装。

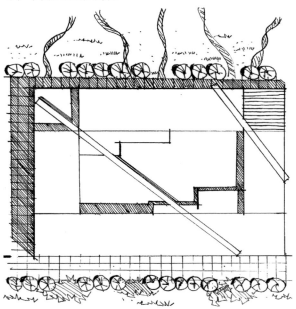
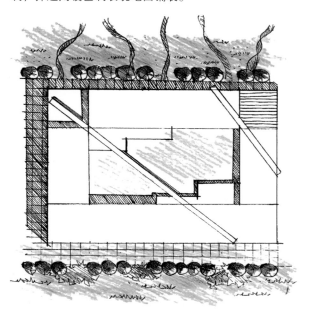

2.创意方案立面快速表现

无论是平面图、立面图，还是透视效果图的快速表现，常常会采用细化线稿、快速上色的方式表现。先细致刻画细节与结构，上色的时候简单地归纳为亮部与暗部进行表现即可，而亮部基本上以大量留白为宜。这种方式最适合运用于快速表现中。

接下来以南立面为例，快速表现立面效果。

（1）运用概括的线条表现出南立面，并区分出建筑的层次。

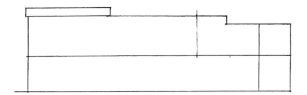

（2）绘制出立面建筑细节，画出不同窗户与建筑支架。

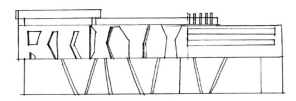

（3）细致表现出玻璃幕墙的细节，完善线稿表现。

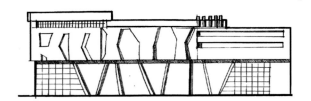

（4）运用彩铅快速表现玻璃幕墙，将建筑大面积的材质留白，更好地突出建筑立面的创意。

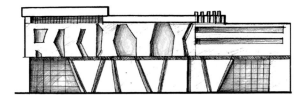

3.创意方案透视效果图快速表现

（1）根据平面图与立面图，快速绘制透视空间，体现创意的想象与可能性。

（2）完善创意建筑的不同立面的材质与结构的刻画，丰富画面内容。

（3）加强建筑的明暗转折面，拉开建筑体块的空间关系。

（4）运用冷灰色绘制出建筑的明暗体块，并运用蓝色彩铅表现出玻璃材质与远山，然后用暖色系列的彩铅表现出石材墙面以及乔木枯枝的塑造。

（5）完善建筑前的地面铺装，统一画面的节奏。用协调的冷色调表现。

（6）用蓝色彩铅绘制出天空颜色，使画面的视觉效果与空间延伸感更强。

 第28天 **设计思维——方案演练与分析解说**

一 方案设计思维解说

当我们看到一个设计方案时，首先会观察建筑的造型是否美观，然后才会着重思考它的一些功能分区、建筑与周围环境以及建筑材质是否合理，紧接着是联想设计师的一些设计思想。设计师往往是根据地域文化、周围地形、环境的影响，形成自己独特的设计理念。

1.图书馆设计方案解说

开阔的楼前广场是本方案设计的一大亮点，同时周围植物丰富，环境优美，为阅读的最佳场所。主体建筑"方圆穿插，方中有圆"，同时建筑的材质运用得当，突出了建筑的特点和功能。

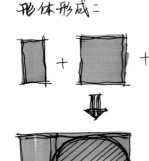

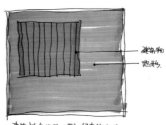

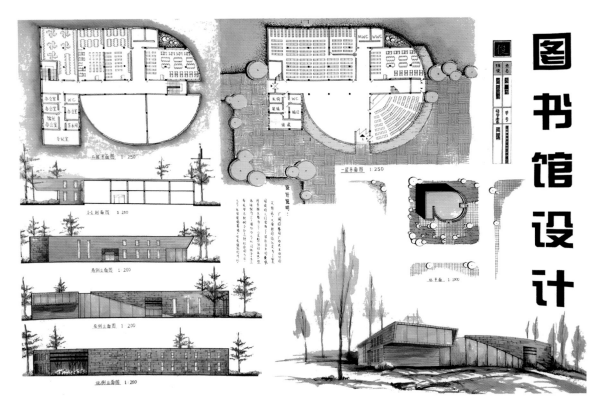

2.作品展厅方案解说

从建筑地形图可知，本方案的建筑设计属于山体建筑，在设计时设计师结合山的走向与造型，将建筑屋顶做成坡屋顶，并通过明暗光影关系的推敲，形体的相互叠加、咬合、搭接，形成展厅建筑的具体造型。建筑充分尊重了地形地貌，体现了建筑、自然以及人文的和谐关系。重视城市景观交叉节点的设计，合理利用周边的景观资源，实现了建筑与景观和谐共生。

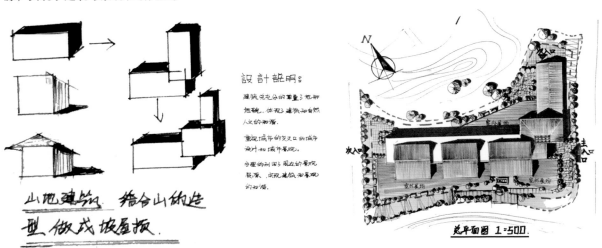

通过一层、二层、三层平面图以及剖面和立面图，可以清晰地了解展厅的功能分区，作品展厅的位置安排在西南面和南面，受光较好，竖向的条形窗、落地窗、玻璃幕墙，既有一定的隐蔽性，同时也为白天展出提供了充足的阳光，能够节能省电。从透视效果图能更加直观地体现建筑的造型与设计理念。

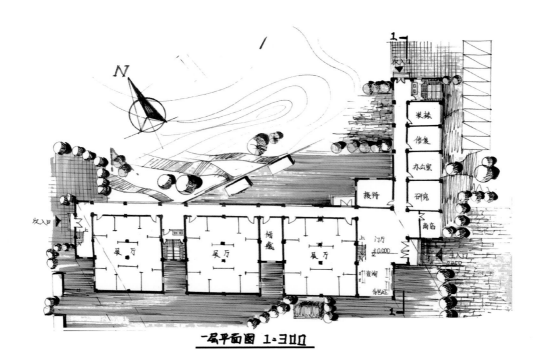

一层平面图 1:300

二层平面图 1:300

三层平面图 1:300

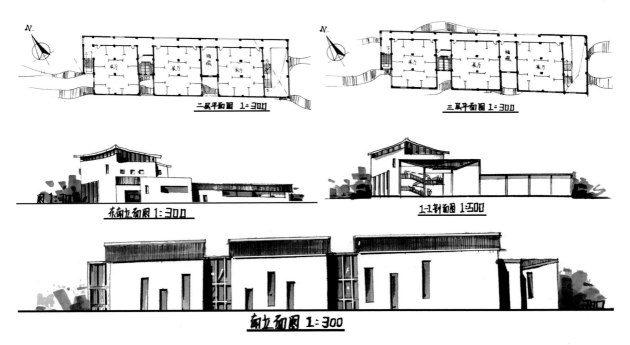

东南立面图 1:300

1-1剖面图 1:300

南立面图 1:300

入口透视图

二 建筑设计要点分析与透视图演练

1.现代山地别墅要点分析与透视图演练

现代山地别墅是根据地形的不同，结合周围的地形，在保护环境、生态、绿色的理念下建造别墅，使得建筑与环境巧妙地融合。

接下来演练一下山地别墅，强化透视效果图在设计当中的运用。

（1）画出建筑的框架结构，表现出建筑的大致轮廓，线条肯定，建筑的转折、弯曲跟随地形而变化。

（2）画出前景部分，细化建筑细节。刻画出建筑前景的乔木，注意尽量简化树冠，让建筑显示得更加全面，突出建筑造型。

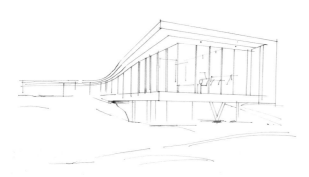

（3）根据建筑的透视方向，画出中景和远景。同时表现出建筑局部被光面，进一步拉开画面的明暗对比。

（4）强化建筑的光影塑造，明确画面当中的主次关系，突出主体建筑。

2.会所建筑设计要点分析与透视图演练

　　会所建筑一般出现在交通方便、环境优美、视野开阔等地方，为人们提供较为全面的休闲娱乐以及文化活动的场所。会所建筑的种类很多，有高档豪华的私人会所、商业性质的会所以及不同建筑风格的会所等。会所建筑具有综合性、多样性与景观性的特点。

　　接下来演练一下会所建筑，强化透视效果图在会所建筑设计过程中的作用。

　　（1）画出建筑的外轮廓线，注意统一建筑各部分的透视走向。建筑是主体物，其他物体都是次要的，所以画图时应把注意力集中在建筑上，画好建筑的结构框架，为接下来增添建筑上的细节打下基础。

　　（2）添加建筑前景的竹子，细化建筑外立面，丰富画面效果。

　　（3）确定光源，图中光源来自建筑右上方。画出建筑的暗部和阴影部分，注意要从整体出发。

　　（4）整体调整画面，加强画面的明暗对比，有选择地画出建筑中最重的颜色，亮部可以留白，也可以适当修饰，表现出建筑外立面的材质，体现出建筑整体质感。

3.方盒子建筑设计要点分析与透视图演练

方盒子建筑又叫作"后现代建筑"。方盒子建筑主要是通过不同方体的穿插、咬合、叠加、组合的方式形成独特的建筑造型。

接下来演练一下方盒子建筑，强化透视效果图在后现代建筑设计过程中的作用。

（1）画出建筑的基座部分，该案例为三点透视，注意透视线的方向。

（2）继续增加建筑的高度，注意建筑体块间的穿插关系。

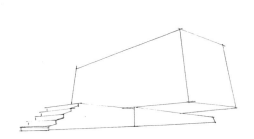 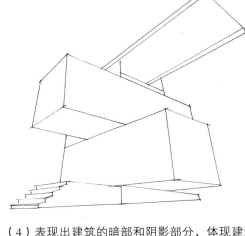

（3）画出建筑的门窗等细节，要做到透视方向统一于建筑。

（4）表现出建筑的暗部和阴影部分，体现建筑的体积感和空间感。

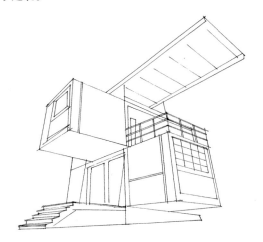 

11

快速手绘独立方案设计及表现

SUN	MON	TUE	WED	THU	FRI	SAT
1	2	3	4	5	6	7
8	9	10	11	12	13	14
15	16	17	18	19	20	21
22	23	24	25	26	27	28

🕐 项目实践

一 考研快题作品展示

快题设计是针对学生考研所采用的一种表现形式，从表现深度来说，它往往比较精简概括。根据不同的设计要求与目的会有所差异。一般从这些方面着手考虑，如平面图、剖立面图、透视效果图、设计说明、分析图、指北针、比例尺、经济技术指标等。平面图又分为总平面图、顶层平面、一层平面图、二层平面图、三层平面等。这些具体的内容安排要根据考试的时间与任务要求具体判定。

考试的时候要注意以下几个方面的问题。

第1点：符合设计的要求，根据设计的要求合理安排相应的图。

第2点：色彩基本上要统一，要与设计的风格相协调。

第3点：内容要有主次之分，突出设计要点。

如下列快速手绘方案作品，根据设计内容的不同形式会有所差异，基本上会将这些图整合在一个版面上，这样显得正规，逻辑性强且美观。

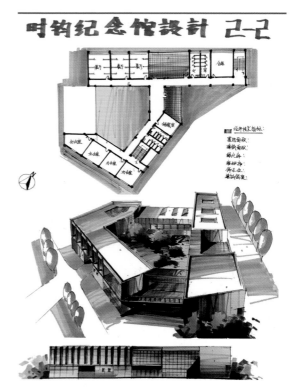

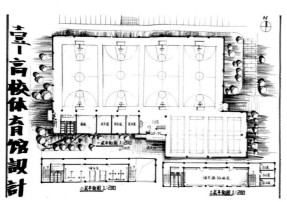

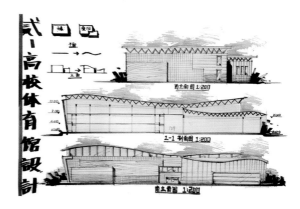

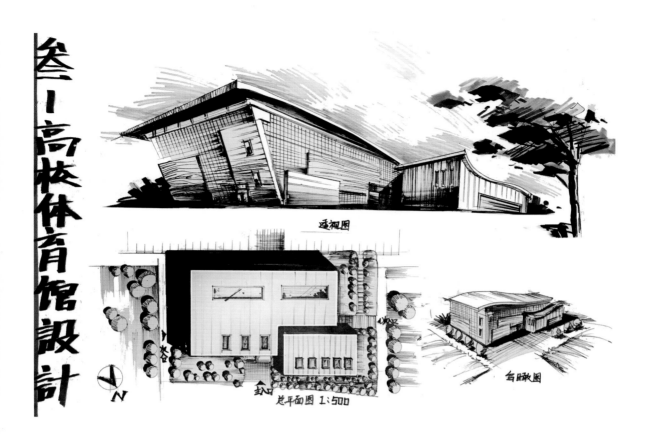

叁—高校体育馆设计

透视图

总平面图 1:500

鸟瞰图

作品展示厅设计 2-1

設計說明：

建筑以充分的尊重三地的地貌，体现建筑和自然人文的结合。

面向城市的交叉口以弧形设计加强城市景观。

分散的布局丰富的景观层次，使建筑成为景观的部份。

总平面图 1:500

1-1剖面图 1:500

东面立面图 1:300

作品展示厅设计 2-2

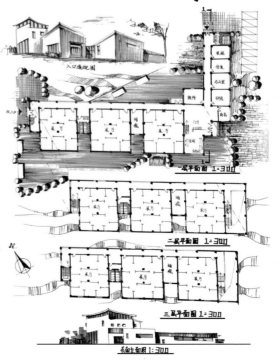

入口透视图

首层平面图 1:300

二层平面图 1:300

三层平面图 1:300

东面立面图 1:300

社区图书馆设计 2-1

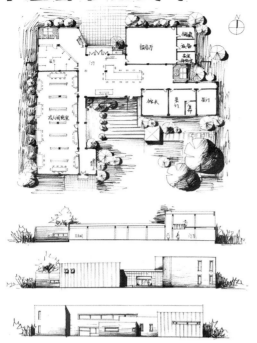

社区图书馆设计 2-2

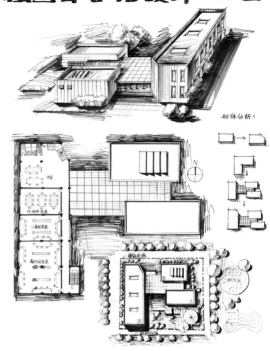

影剧院建筑设计 2-1

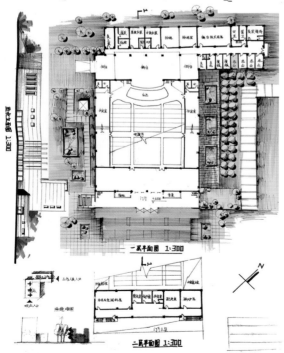

影剧院建筑设计 2-2

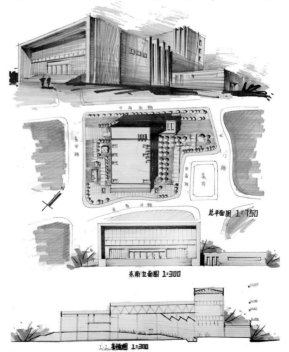

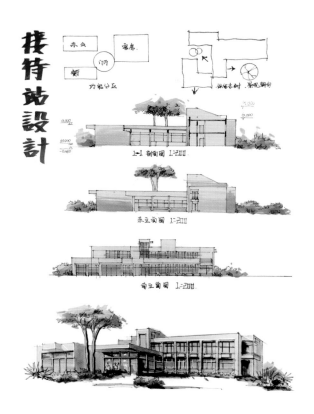

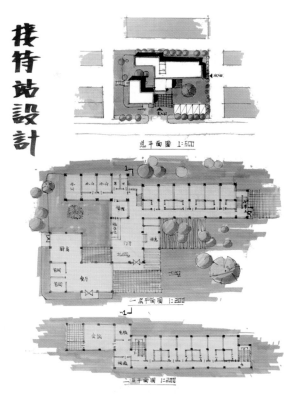

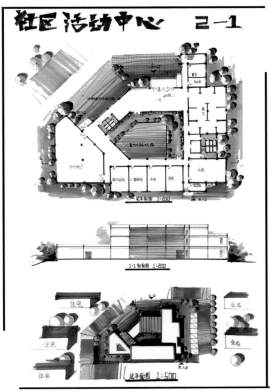

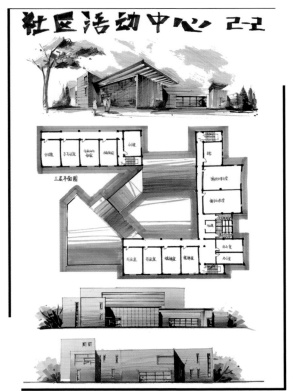

二 提高快速手绘方案的训练

这一部分内容主要将平面图、分析图、透视效果图相结合，快速地体现设计意图，如平面是由哪些设计元素构成的，平面图及草图快速转换成透视效果图的体现设计要点。这一方面的训练也是快速手绘方案训练的另一种表现形式，是以平面图、分析图、空间效果图来体现设计。

同时提醒大家，快速表现是一个长期积累的过程，平时要多看一些参考书籍，多做这方面的练习，才能在设计中挥洒自如。

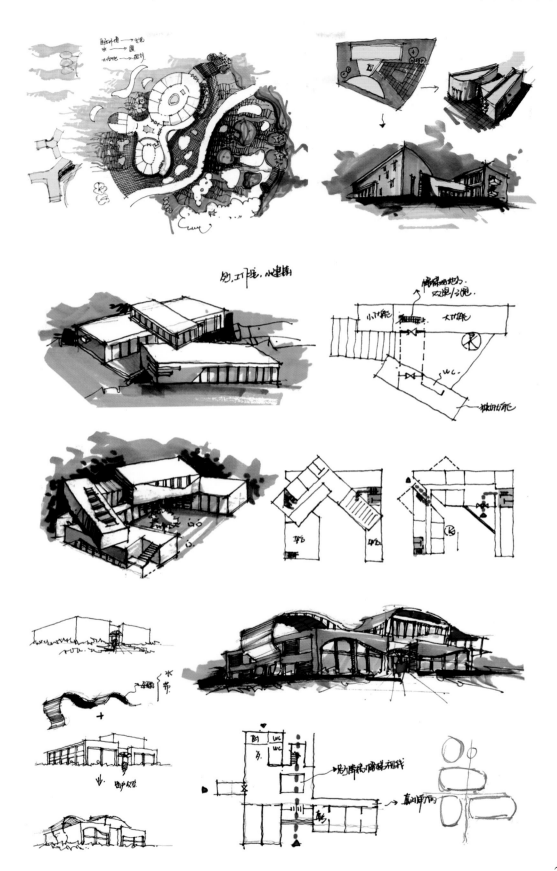

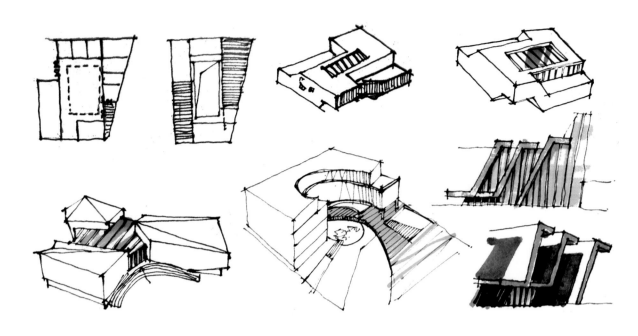

三 设计空间快速透视效果的练习

这一部分主要是针对快速表现时，快速表现空间透视效果而展开的练习。在整个考试表现中最难的就是空间透视效果图的表现。平时练习时一定要对时间有所关注，有利于考试。

一般快题考试分为初试与复试，初试快题考试时间有3小时与6小时两种。大多数学校只在初试考一次6小时快题。部分学校初试考6小时快题，复试还要加考一次3小时快题。而初试考3小时快题的学校，复试肯定还要再考一次快题。无论是3小时还是6小时的快题，除去平面、剖立面、设计说明、构思等，透视效果图的表现基本上安排在40分钟左右是比较合适的。所以平时练习多关注整体效果，而不是过多地关注细节。